我发现了奥秘
世界上最最浩瀚的
太空

[韩]李浩先◎编著

吉林出版集团股份有限公司

图书在版编目(CIP)数据

世界上最最浩瀚的太空/(韩)李浩先编著.—长春:
吉林出版集团股份有限公司,2012.1（2021.6重印）
（我发现了奥秘）
ISBN 978-7-5463-8094-0

Ⅰ.①世… Ⅱ.①李… Ⅲ.①宇宙—儿童读物
Ⅳ.①P159-49

中国版本图书馆CIP数据核字(2011)第264207号

我发现了奥秘

世界上最最浩瀚的太空

SHIJIE SHANG ZUI ZUI HAOHAN DE TAIKONG

出版策划：孙　昶
项目统筹：于姝姝
责任编辑：于姝姝
出　　版：吉林出版集团股份有限公司（www.jlpg.cn）
　　　　　（长春市福祉大路 5788 号，邮政编码：130118）
发　　行：吉林出版集团译文图书经营有限公司　（http://shop34896900.taobao.com）
总 编 办：0431-81629909
营 销 部：0431-81629880/81629881
印　　刷：三河市燕春印务有限公司（电话：15350686777）
开　　本：889mm×1194mm　1/16
印　　张：9
版　　次：2012年1月第1版
印　　次：2021年6月第7次印刷
定　　价：38.00元

印装错误请与承印厂联系

写在前面

　　孩子的脑海里总是会涌现出各种奇怪的想法——为什么雨后会出现彩虹？太阳为什么东升西落？细菌是什么样的？恐龙怎么生活啊？为什么叫海市蜃楼呢？金字塔是金子做成的吗？灯是什么时候发明的？人进入太空为什么飘来飘去不落地呢？……他们对各种事物都充满了好奇，似乎想找到每一种现象产生的原因，有时候父母也会被问得哑口无言，满面愁容，感到力不从心。别急，《我发现了奥秘》这套丛书有孩子最想知道的无数个为什么、最想了解的现象、最感兴趣的话题。孩子自己就可以轻轻松松地阅读并学到知识，解答所有问题。

　　《我发现了奥秘》是一套涵盖宇宙、人体、生物、物理、数学、化学、地理、太空、海洋等各个知识领域的书系，绝对是一场空前的科普盛宴。它通过浅显易懂的语言，搞笑、幽默、夸张的漫画，突破常规的知识点，给孩子提供了一个广阔的阅读空间和想象空间。丛书中的精彩内容不仅能培养孩子的阅读兴趣，还能激发他们发现新事物的能力，读罢大呼"原来如此"，竖起大拇哥啧啧称奇！相信这套丛书一定会让孩子喜欢、令父母满意。

　　还在等什么？让我们现在就出发，一起去发现科学的奥秘！

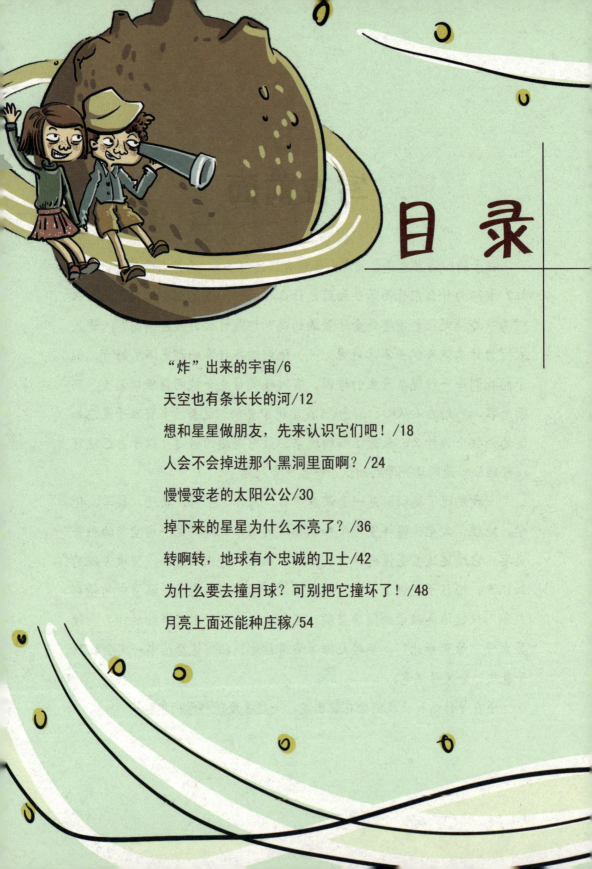

目 录

"炸"出来的宇宙

在晴天的晚上，抬头仰望夜空，我们就能看到数也数不清的星星，这就是浩瀚的宇宙。小朋友，你知道吗？咱们的地球也是宇宙中的一部分，只不过对整个宇宙来说，地球就像沙漠中的一粒沙子那么小。原来宇宙这么大啊！听说它是被炸出来的，是真的吗？咱们这就去瞧瞧吧！

宇宙是一个什么东西？

从本质上来说，整个宇宙是一个物质的世界，也是一个不断运动和发展的世界。它包括各种数也数不清的物质，这些物质在没有边际的空间永无休止地运动着。就连我们人类，也跟着地球在宇宙中运动。所以说，宇宙其实就是指天地万物。

虽然整个宇宙会一直运动下去，但其中的每一个天体却是有时间限制的，它们都要经历发生、发展、衰亡的过程。另外，各种天体的形态也不尽相同，如密集的星体、松散的星云及辐射场等，它们都属于天体中的一类。至于众多的星体，它们也都是独一无二的。无论是大小、质量、密度、颜色，还是光度、温度、年龄，星体之间都不尽相同。

大爆炸产生了宇宙

　　大约在140亿年前，由于物质和能量的高度集中，物质逐渐浓缩在一起，在这个过程中，宇宙的温度和密度也不断地增大。当浓缩到一定的阶段，就出现了大规模的爆炸，而现在的宇宙，就是在这次大爆炸中形成的。

　　大爆炸的威力太大了，使得所有物质到处乱跑，结果，宇宙的地盘越来越大，温度也慢慢降了下来。随着宇宙的不断膨胀与冷却，星系、恒星、行星及生命也跟着出现了。而爆炸前的宇宙是什么样子，直到今天也没有人知道。

宇宙海中的小岛

　　在无边无际的宇宙中，漂浮着连绵不断的星系，从远处看去，就像海洋中的一个个岛屿。由于各个星系的大小及运动规律各不相同，所以它们在宇宙中的分布并不均匀。有意思的是，星系也喜欢找朋友，它们讨厌一个人玩儿，所以不是三两成群做游戏，就是成百上千个

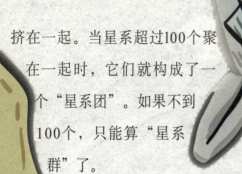

挤在一起。当星系超过100个聚在一起时，它们就构成了一个"星系团"。如果不到100个，只能算"星系群"了。

不论是整个星系，还是星系内部的恒星，它们从来没停止过运动。一般来说，星体、星系距离我们的太阳系越远，它们就会用越快的速度远离我们。

肚子越胀越大的宇宙

研究发现，如果一个天体距离地球越远，那么，它运动过程中的发光频率就会越低。科学家将这个现象叫作"光谱红移"。通过对遥远的星体发射的光的长期研究，天文学家们就可以得出其运动规律，进而计算出该星体的运动速度。

在对宇宙的观测过程中，人们发现了一个天大的秘密：宇宙就像一个大胖子，它的肚子一天比一天大。科学家之所以会判断出宇宙产生于大爆炸，就是以宇宙一直处于膨胀中为根据的。

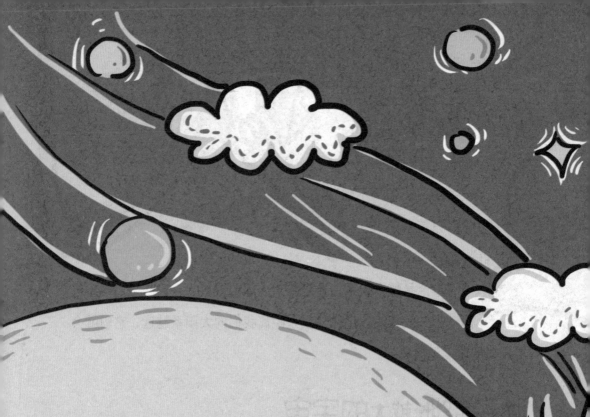

宇宙大得连边都没有

　　人类也不是一下子就认识宇宙的，这中间有一个漫长的过程。在最初的时候，人们甚至认为，宇宙中只有太阳系。后来，大家又觉得银河系是整个宇宙。又过了很长时间，人们才知道银河系只是宇宙的一小部分，宇宙比它大很多倍。

　　那宇宙有没有边呢？有些科学家认为，宇宙应该是有限的。依照目前的观测水平，我们只能观察到宇宙的一部分，至于宇宙的全部面貌，谁也没有见过。所以，这个问题只有等小朋友们长大了来解决啦。

趣味问答

宇宙多少岁了？

经过对矮星的长期分析，天文学家大致计算出宇宙的年龄，120亿至150亿岁。虽然大多数人赞同这个观点，但这个计算方法是否科学还不确定，所以一直受到一些人的怀疑。根据哈勃望远镜的观测，宇宙应该在130亿至140亿岁之间。目前，这一数字的认可度较高。

天空也有条长长的河

夏天的晚上，我们经常能看到天空有一条银白色的长河。好奇的小朋友便会问妈妈："那是什么啊？"妈妈说："那是天上的河，叫作'银河'。牛郎和织女就住在河的两边，河上没有桥……"银河里真的有水吗？小朋友跟我去银河一日游吧！

银河真的是一条河吗?

搭上太空飞船，我们来到了银河系的中心地带，原来它真的是一条长长的河，只不过不是流着水的河，而是流着星体和物质的河。尤其是银河系的中心位置，聚集着各种天体，因此，银河系也有一个鼓起来的肚子。由于两侧的星体和物质要少得多，所以银河看上去扁扁的。

跟地球上的黄河、长江比起来，银河系大得不是一点半点。虽然太阳系离银河中心算是比较近的了，但也要走2至3万光年才能到呢。天文学家经过观测得出，银河系的直径在10万光年左右，中心厚度达到8 000光年。

银河系也有胳膊吗?

观察了其他的类似星系之后，天文学家发现，在潮汐力效应的作用下，很多星系都有旋臂，也就是长长的胳膊。后来，大家一致认

为，银河系一定也有自己的旋臂。银河系具有强大的吸引力，它会不停地将外面的小星系吸到自己的身边。由于小星系各个部分受到的吸引力大小不同，所以小星系总是被银河系给撕碎。然后，这些星际物质便会旋转着被吸入银河系，形成巨大的旋臂。

经过长期研究，天文学家在银河系发现了4条旋臂，它们分别为人马臂、猎户臂、英仙臂及天鹅臂，这些旋臂的主要成员就是星际物质。告诉你个小秘密，太阳也位于其中的一条旋臂上哦！

一条有规矩的★河

　　银河系由一些大小不同的区域构成，跟部落联盟差不多。而每一个部落里面，都聚集了众多成员，如恒星、行星、卫星、流星、彗星及一些宇宙物质，它们都属于这个大家庭。虽然成员比较多，但大家都还是很守规矩的呢。

　　银河系可是一个规规矩矩的地方，从中心向外依次为银心、银盘、银晕几部分，与银心相连的是四条巨大的螺旋状臂膀，它们向外扩展构成银盘部分，环绕在银心的四周；银晕又将银盘紧紧包围起来，这部分主要为一些年

轻的恒星。所以，银河系属于典型的巨型旋涡星系。小朋友，你知道地球在哪一部分吗？离太阳很近的地球自然跟太阳一样，也属于银盘喽。

银河系是个安静不下来的孩子

就像那些一刻都静不下来的小朋友一样，银河系也一直进行自转运动。银河系各个部位的运动规律都不一样，它自转的速度也有快有慢。一般来说，离银河系中心越远的区域转得也就越快，等到了几十万光年之后，速度就不会再有所增加了。

银河系的所有星体都围绕着银河中心旋转，咱们太阳系也不例外。由于银河系非常大，所以太阳系围绕银心转一圈也要很久很久，科学家将这段时间称为一个银河年。与地球上的时间相比，一个银河年就是地球上的2.5亿年。银河系不仅自转，而且还整体移动。在其他星系的强大吸引力下，它也会慢慢移向别的星系，如仙女星系。

趣味问答

太阳系和银河系是什么关系？

整个太阳系，包括地球、太阳和其他成员，都位于猎户臂靠近内侧的边缘，属于银河系的银盘。太阳系的位置，也就是科学家们提出的"银河的生命带"的位置。太阳系到银河中心的距离为26 000光年，太阳到银心中心则有23 000光年。

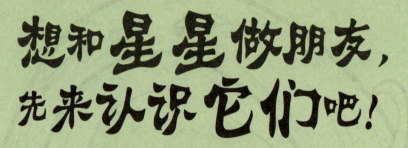

想和星星做朋友，先来认识它们吧！

　　不知道小朋友们注意到没有，夜空中的那些星星不仅会眨眼，它们还会发出五颜六色的光，如红光、黄光、蓝光等。真是太神奇了！小朋友，你知道这是怎么一回事吗？还有一件事也很奇怪，星星们白天都去了哪里？我们这就去问问这些小家伙吧！

数数天上星星有几颗

小朋友，你数过天上的星星吗？有个人仔细地数了一下，他发现如果分别从东西半球看向太空，用肉眼一共能看到7 000颗左右的星星。如果只站到地球的一个位置，那就只能看见半个星空。所以，我们站在院子里只能看到大约3 500颗的星星。要使用望远镜观察的话，看到的星星则要多得多。至于整个宇宙有多少星星，由于连宇宙具体有多大都不清楚，所以人们回答不了这个问题。

我们平常所说的星星，主要指我们能直接看到的星星，也就是那些会发光的恒星。其实，宇宙里的星星不止恒星一种。一般来说，星星包括恒星、行星、卫星、彗星等各种星体。恒星，指跟太阳一样能发光的天体，可分为球状、类球状。恒星有大有小，它们的色彩、演化进程也各不相同。行星，指那些围绕恒星运动的天体，像地球、金星、水星等，就是围绕太阳运动的行星。卫星，指那些围绕行星运动的天体。彗星，则指星际间的物质。

星星也喜欢穿新衣

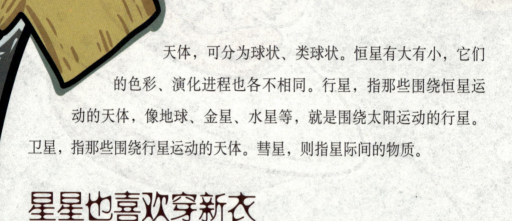

恒星老是喜欢穿新衣服，它们是一群爱臭美的孩子。在刚刚形成的时候，恒星内部会出现剧烈的核聚变，这就使得其表面温度居高不下。这时，我们会看到闪耀着蓝白色光的星星。接下来，因为内部的燃料越来越少、恒星的体积越来越大，恒星的表面温度慢慢降了下来。这个时候，我们看到的星星也就是黄色或红色的了。

当新星爆发的时候，恒星的星核就有可能变成白矮星、中子星或者是不发光的黑洞。如果变成白矮星，我们看到的是发着暗淡白光的星星；如果变成中子星，我们看到的星星就是蓝色的。

白天星星都藏起来了吗?

其实，恒星白天并没有停止发光，它们每时每刻都在释放自己的魅力。可是，我们怎么白天看不见它们呢? 小朋友也纳闷吧? 在白天的时候，太阳的光线特别强，地球大气会将一部分太阳光散射出去，所以天空就变得明亮起来，大家也就看不见那些发光的星星了。像出现日全食的时候，太阳光被月亮挡住了，我们就可以看见天上的星星。如果大气层不存在的话，宇宙就会一直是黑夜，天空中的星光也会永远都在。

谁是最亮的星星?

经常观察星空的人都会发现，星星发出的光芒有强有弱，有些比较明亮，有些看上去则比较暗

淡。星星有多亮取决于两个因素：一、星星自身的发光能力，能力强的就会更亮一些；二、星星与地球之间的距离，离地球较近的相对要亮一些。一般来说，离地球越近、发光能力越强的星星，看着也就越明亮；而离地球越远、发光能力越差的星星，则看上去越暗淡。

在我们可以看到的星星中，超巨星是发光能力最强的恒星。虽然密度比较小，但超

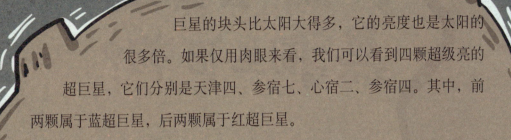

巨星的块头比太阳大得多，它的亮度也是太阳的很多倍。如果仅用肉眼来看，我们可以看到四颗超级亮的超巨星，它们分别是天津四、参宿七、心宿二、参宿四。其中，前两颗属于蓝超巨星，后两颗属于红超巨星。

趣味问答

星星真的会眨眼睛吗？

星星原本是不会眨眼睛的，之所以看着跟眨眼睛差不多，是因为地球表面的大气层。大气层并不是静止不动的，这些气体也在不停地流动，这样，空气的密度就会经常改变。结果，星光的方向也跟着一起改变，所以，我们就看到了一闪一闪的星星。

人会不会掉进那个黑洞里面啊?

宇宙中有一个很厉害的怪物,它喜欢吞噬自己身边的各种东西,不管对方是星星还是人。它就是人称"太空魔王"的黑洞。小朋友们肯定要担心了,这个怪物会不会把地球也给吞下去啊。不用害怕,咱们太阳系还没有发现黑洞,而且也没有星球消失。那么,这个家伙是从哪里来的呢?它生活在哪里啊?我们这就去了解一下吧!

贪吃的"太空魔王"

黑洞，是一个可怕的宇宙怪物，它最喜欢干的坏事，就是将周围的一切物质吞进腹中。无论任何物体，只要被这个怪物盯上，绝对跑不了。见它做了这么多坏事，科学家便叫它"太空魔王"。

经过研究发现，黑洞是一个奇怪的天体。它由一种高密度的物质组成，而且这些物质都集中在天体的中心，而不是均匀分布于整个天体。黑洞的中心具有很强的引力，其他天体最好不要进入它的引力范围，就算是越过边界一步也不行。否则，就会被黑洞吞入中心，被分解成一个个的基本粒子，成为黑洞中心的一部分。

黑洞是谁给挖出来的?

　　随着时间的流逝，那些大质量的恒星也会慢慢变老，当中心燃料被热核反应耗尽的时候，内部的聚变反应便会日益减少，恒星再也不能产生强大的能量了。这时，恒星的外壳就会成为一个沉重的负担。在中心引力的影响下，外壳的物质开始向中心坍缩，这一过程要持续数十亿年，直到有一天，整个恒星被压缩成一个点。由于这个点的体积越变越小、密度越来越大，所以会在中心形成强大的引力场。当缩到某一程度时，光也被引力场给藏了起来，至此，恒星就成了一个不发光的天体——黑洞。

黑洞具有强大的引力场

　　黑洞也是天体中的一种，它具有强大的引力场，就连光也无法从它的引力下逃脱。引力是一种很奇妙的力，它跟质量和距离有直接关系。一般来说，物质的质量跟引力的大小成正比，而距离的平方跟引力成反比。黑洞的质量大得惊人，因此，决定引力场强弱的关键在距离。

　　随着物质与黑洞之间距离的缩短，引力场的能量逐渐增强，当强到一定程度后，引力场就会影响到空间的形状。一旦物质进入黑洞，黑洞就会自动将空间封闭起来，这时，被吞下的物质就没有机会离开黑洞了，因为通往外界的门被关上了。

怎么才能
找到黑洞?

虽然黑洞是威力巨大的"太空魔王",但它不能离开自己的地盘,不然发挥不出本领来。当被黑洞的巨大引力所影响时,黑洞周围的天体就会脱离运动轨道,然后被拖入黑洞。在进入黑洞的过程中,一些物质会发射出求救信号——X射线。后来,人们将这些X射线作为黑洞的主要特征,因为其他天体活动不会出现这种射线。

根据这一明显特征，天文学家们开始在宇宙中寻找黑洞。1965年，人类真的找到一个黑洞，由于它位于天鹅座之内，所以科学家叫它"天鹅座X-1"。经过研究发现，它的质量相当于10个太阳那么重，而白矮星、中子星也不会有这个重量，所以，它是黑洞的可能性比较大。

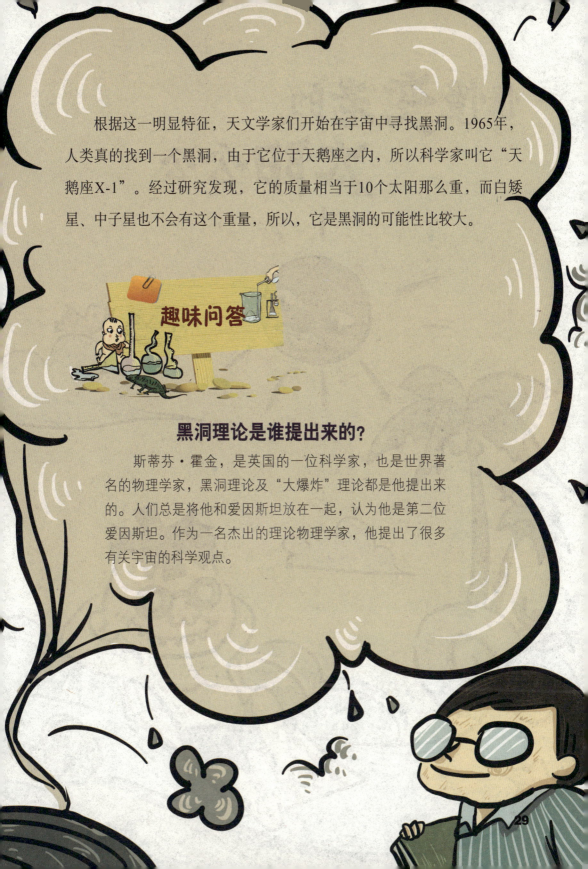

趣味问答

黑洞理论是谁提出来的?

斯蒂芬·霍金，是英国的一位科学家，也是世界著名的物理学家，黑洞理论及"大爆炸"理论都是他提出来的。人们总是将他和爱因斯坦放在一起，认为他是第二位爱因斯坦。作为一名杰出的理论物理学家，他提出了很多有关宇宙的科学观点。

慢慢变老的
太阳公公

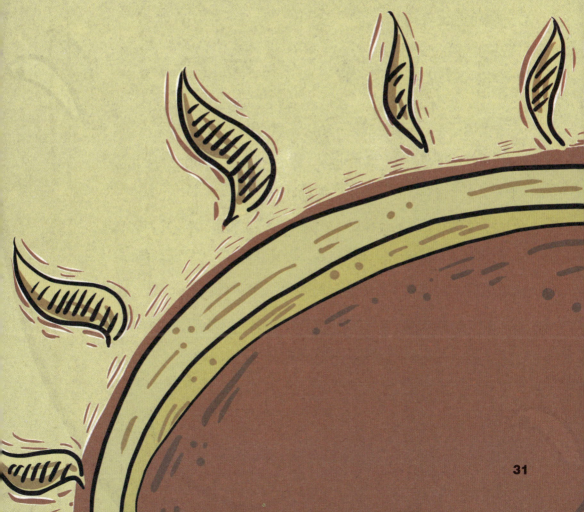

小朋友，你喜欢暖洋洋的太阳公公吗？因为有了太阳公公，地球才不会一直又黑又冷；因为有了太阳公公，我们才能得到食物和空气。可是，太阳也会慢慢变老啊，等到它没有光和热的时候，我们该怎么办呢？咱们快去瞧瞧，看太阳公公还能活多少年。

★太阳系的"当家人"

太阳，位于太阳系的中心位置，是太阳系中最具权威的"当家人"。

科学家发现，整个太阳都没有固体的部分，它就是一个炽热的巨型气球。太阳中心被称为核反应区，按照由内向外的顺序，依次分为辐射区、对流区及大气层三个部分。大气层的最表层是日冕层，往里还有色球层和光球层。在太阳表面，最明亮的区域就是光球层。所以，我们平常见到的光芒四射的太阳，也是大气层的第一层——光球层。

太阳的体积和质量都是太阳系中最大的。它的体积大约有1.41×10^{18}立方千米，像一个巨大的口袋，一个能装下130万个地球的口袋呢！太阳的质量大约有2×10^{27}亿吨，相当于33万个地球的重量。小朋友，太阳是不是真的很大啊？

太阳就是一个大火球

太阳的中心是核反应区，由于激烈的核聚变反应从来没有停止过，所以这里是温度最高的地方，能达到1 500万摄氏度。从中心向外走，温度也越来越低，到了光球层的位置，温度降到了6 000摄氏度。但是，光球层外面的色球层、日冕层却不按牌理出牌，它们喜欢热一点的环境。色球层的温度已经升到数万摄氏度，而日冕的温度则达到200万摄氏度。怎么样，是不是很热啊？

由于太阳表面的温度太高了，像一个炙热的大火球，而且还具有强烈的辐射，所以，人类的航天器一直无法靠近太阳。

太阳迟早会成为真正的太阳公公

太阳持续向外释放着光和热，虽然太阳拥有巨大的能量，但这些能量总有耗尽的一天。随着时间的推移，太阳的内部核能也会慢慢用光。那时，太阳就会像其他恒星一样，因为强大的引力而自我收缩、挤压。随着不停地压缩，太阳内部会出现一个高密度的核心，并再次向外释放巨大的能量。在能量的冲击下，太阳外壳会被抛到宇宙空间，形成一片片的膨胀星云。经过很长一段时间，等高密度核心冷却之后，太阳就成了一颗"白矮星"。

那白矮星的命运如何呢？再过上10亿年，白矮星就会没有能量可用，它再也发不出光来，而且温度也会越来越低，那时，我们叫它"黑矮星"。对大多数恒星来说，这是它们必经的发展历程，太阳自然也不会例外。当然，这一天离我们很远很远，远到我们根本不需要为此担心。

日食与《日食和平条约》

当月亮运行到太阳与地球之间的时候，月亮就会将太阳光遮住，地球上的人就看不到太阳了，这种现象叫作日食。一般来说，日食还可分为日全食、日偏食、日环食三种。日全食，指月亮将太阳完全遮住；日偏食，指月亮遮住一部分太阳；日环食，则指月亮无法将太阳完全遮住的现象。

关于日食，还有一个有趣的故事。在公元前585年的时候，出现了一次日全食。当时，有两个部落正在爱琴海的东岸交战，战争非常激烈，可明朗的天空一下子陷入了黑暗。双方的军士都陷入恐慌，以为上天在惩罚他们，所以草草结束了战争。而且，双方还签订了和平条约，这就是著名的《日食和平条约》。

太阳也长雀斑吗？

　　有的时候，我们会看到太阳上有一块一块的黑斑，那是太阳的雀斑吗？其实，这些斑块是光球层上的一些黑暗区域，科学家叫它"太阳黑子"。在太阳表面，经常会出现一些由炽热物质构成的巨大旋涡，它们的温度特别高，能达到45 000℃。而光球层的其余部分则温度较低，只有6 000℃左右。在高温旋涡的反衬下，那些温度较低的地方就成了太阳表面的黑斑。

掉下来的星星
为什么不亮了？

快看！天空中划过一颗流星，快许下你的愿望吧！小朋友，你对着流星许过愿吗？很多人都说，如果有幸看到流星，并许下愿望，一定能心想事成。流行是天上掉下来的星星吗？为啥来到地球上就不亮了呢？咱们去研究一下这个冒火星的家伙吧！

流星是一个小不点

咱们平常所看到的流星，是一些小得几乎看不见的小石块造成的，科学家叫它们流星体。因为是小石块，所以来到地球上自然就不发光了。这些小不点每天在宇宙空间中游荡，一会儿飘到东，一会儿飘到西。它们可自在了，每天无忧无虑地生活着。

如果它们不小心跑到地球附近，就会被地球引力吸进大气层。在经过大气的时候，它们便会和大气之间产生剧烈摩擦，强大的热量使它们在高空中发出光芒。由于下降的速度太快，我们只能看到一道迅速流逝的光迹划过星空。然后，一个流星就过去了。如果进入大气层的是一群流星体，那我们就可以看到流星雨了。

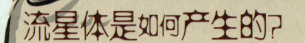

流星体是如何产生的？

这些宇宙中数不胜数的小石块，大部分产生于星际物质，也就是人们常说的"扫帚星"（彗星）。在运动的时候，有些彗星经常会不小心进入太阳的地盘。这时，在太阳的巨大热量和强大引力的作用下，彗星便会被瓦解成一些气体和尘埃颗粒，并将它们留在经过的轨道上。这些被遗弃在太阳系之内的颗粒，就是流星体。

当彗星的轨道跟地球轨道相交时，这些小石块就有可能停在地球的轨道上。如果地球运行到停有流星体的这个区域，那我们就能看到流星划过天际。

喜欢突然到访的客人

在夜晚的天空，我们经常会看到一个又一个闪着光芒的流星，它们总是匆匆而过。像这种喜欢一个人拜访地球的流星，科学家称它们为"单个流

星"，或者"偶发流星"。这些单个流星都是奇怪的家伙，它们总是突然出现在我们面前，让我们没有任何准备。直到现在，科学家也不知道它们的运行规律及出现时间。

流星群相对好一些，它会告诉我们一个大致时间。至于具体的时间，要等它来了我们才能知道。每年12月11日左右，双子座中的流星群就会给我们带来一场流星雨。那时，一道道流星划过天际，闪耀着夺目的光芒，就像银光四射的帘幕，让人惊叹不已。到13日的时候，流星雨会迎来高潮，但是，要想看到可不容易，不仅要耐心地等在那里，还要找一个绝佳的位置。

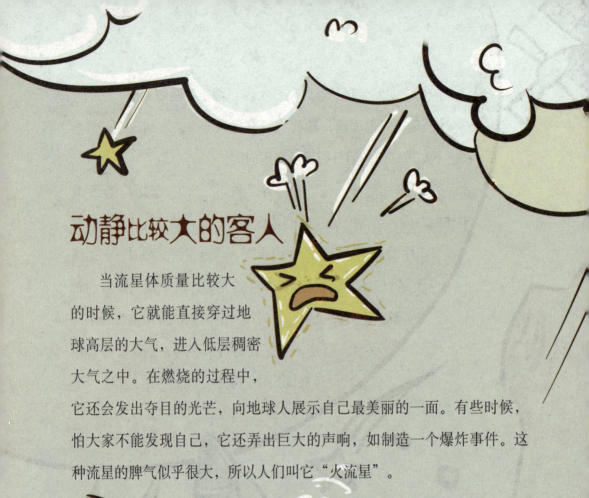

动静比较大的客人

当流星体质量比较大的时候，它就能直接穿过地球高层的大气，进入低层稠密大气之中。在燃烧的过程中，它还会发出夺目的光芒，向地球人展示自己最美丽的一面。有些时候，怕大家不能发现自己，它还弄出巨大的声响，如制造一个爆炸事件。这种流星的脾气似乎很大，所以人们叫它"火流星"。

最壮观的流星雨

到目前为止，狮子座流星雨是人类见过的最壮观的流星雨之一。它也属于周期性的流星雨，每年11月14日至21日都会定期访问地球，在17日左右出现高潮。带来这场流星雨的也是一颗彗星，它叫坦普尔·塔特尔。

趣味问答

地球接待过多少流星体？

据天文学家推测，从有地球的那一天开始，我们这个星球接待过数以万计的流星体，它们总重量为3.3×10^{17}吨。别担心，它们不会给地球带来危险，因为它只占地球总质量的1 / 20 000，我们地球可是很强大的哦！

转啊转，地球有个忠诚的卫士

小朋友，你在电视上看见过卫星吗？每天播出的天气预报，就是参考卫星传回来的气象云图播报的。还有专门发送电视信号的卫星，让我们能看到更清晰的电视画面。除了这些人造卫星之外，还有一些自然形成的卫星。像月亮，它就是我们地球的天然卫星，负责在地球的四周巡逻，保卫着地球的安全。听说月亮上也有平原和山脉呢，咱们去瞧瞧吧！

月球是地球的天然卫星

月球是地球仅有的一颗天然卫星，它可是很宝贵的，要是没有它，咱们地球也就没有了四季。其实，月球是个小骗子呢！它跟我们说它能发光，还让我们看见美丽的月光，其实那不是它自己的光，是被它反射之后的太阳光。而且，它一点也没有看上去那么大，它不仅比太阳小得多，还远没有地球大呢。一个地球能装下49个月球，地球的重量则是月球的81倍。

在自转的同时，月球还围绕地球进行公转。就像在跳舞的两个小朋友一样，月球与地球的距离时远时近，近的时候，月球离地球中心有363 300千米；远的时候，足足有405 500千米。怎么样，月球挺神秘的吧？

被地球撞出来的月球

月球是怎么出现的呢？对这个问题，科学家们给出了各种猜测。其中，月球起源于"大飞溅"，是目前最具有说服力的一种说法。很多科学家都支持这个理论，他们一致认为月球在一次意外的撞击中诞生。在太阳系的晚期，有一个跟火星差不多大的天体来到地球周围，它不小心走入了地球的轨道，跟年轻的地球结结实实地撞在一起。由于两个星球运行的速度都很快，所以撞击产生了大量的溶解物质，并飞溅到地球的四围。后来，受到自身引力的影响，这些物质慢慢凝缩到一处，形成了一个星体——月球。

月球上的入侵者

在刚出现的那一段时间，月球遭受了一段很痛苦的撞击时期，入侵者是破坏性很强的陨星。经过陨星激烈的碰撞后，月球表面形成了大量的环形山。后来，月球表面涌出的熔岩注满了一部分环形山，随着熔岩的固化凝结，这片区域就成了"月海"。

在之前的16亿年中，月球一直比较稳定，没有出现过较为明显的变化。而且，一些明亮的环形山也显露出来，如年轻的哥白尼环形山。可惜的是，在撞击形成环形山的过程中，大部分月球的原始外壳遭到了毁坏。

月球上的平原和山脉

有些时候，我们会发现月球的脸上出现一些暗斑，还以为月球也长雀斑呢。其实，那可不是什么雀斑，它是月球上面积较大的平原，我们称它为"月海"。在整个月球上，人们共发现了32个"海"，不过这个

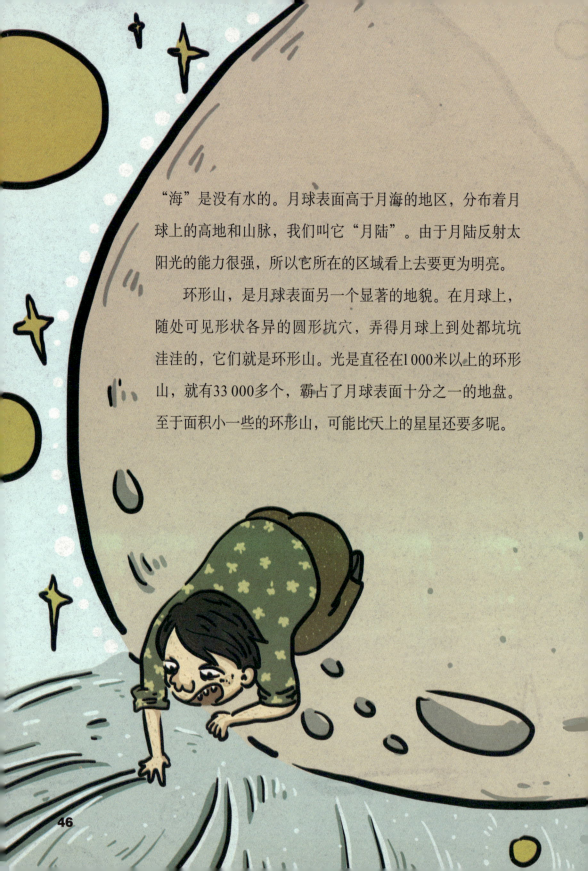

"海"是没有水的。月球表面高于月海的地区，分布着月球上的高地和山脉，我们叫它"月陆"。由于月陆反射太阳光的能力很强，所以它所在的区域看上去要更为明亮。

环形山，是月球表面另一个显著的地貌。在月球上，随处可见形状各异的圆形坑穴，弄得月球上到处都坑坑洼洼的，它们就是环形山。光是直径在1000米以上的环形山，就有33000多个，霸占了月球表面十分之一的地盘。至于面积小一些的环形山，可能比天上的星星还要多呢。

趣味问答

月球上有大气层吗?

月球表面没有大气层。因为太阳总是直接照射到月球的表面,月球的昼夜温差非常大,白天的时候,太阳直射的地方温度特别高,能达到127℃;夜晚的时候,热量消失得也很快,最低温度为-183℃。小朋友,知道大气层对地球的重要性了吧?要是没有大气层,我们不仅会热得受不了,还会冷得受不了。

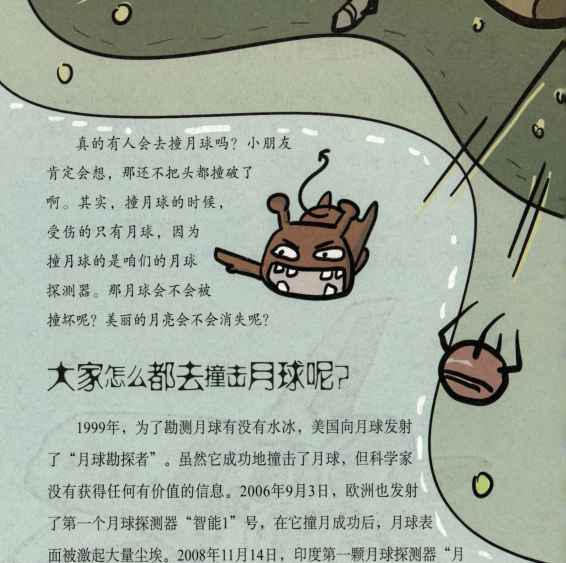

真的有人会去撞月球吗？小朋友肯定会想，那还不把头都撞破了啊。其实，撞月球的时候，受伤的只有月球，因为撞月球的是咱们的月球探测器。那月球会不会被撞坏呢？美丽的月亮会不会消失呢？

大家怎么都去撞击月球呢?

1999年，为了勘测月球有没有水冰，美国向月球发射了"月球勘探者"。虽然它成功地撞击了月球，但科学家没有获得任何有价值的信息。2006年9月3日，欧洲也发射了第一个月球探测器"智能1"号，在它撞月成功后，月球表面被激起大量尘埃。2008年11月14日，印度第一颗月球探测器"月船1"号发射升空，并成功向月球释放了撞击探测器(MIP)。最后，撞击计划顺利实现。

看来嫦娥肯定没有住在月球上，不然她不会让人们随便向她的家里扔炸弹的。月亮那么美丽，要是把它撞坏了怎么办？科学家告诉大家，之所以一次又一次地撞击月球，是为了更好地研究月球。

准备了三年的撞月计划

发射出探测器(MIP)后，印度的月球探测器"月船1"号就消失了。在与地球失去联系前，它传回一些有价值的数据。分析数据后，科学家认为月球表面含有大量的水。听到这个消息，美国科学家准备再次撞击月球，以寻找月球上的水。

为了圆满完成这一次的撞月计划，在总结以前撞月实验的基础上，美国航天局（NASA）又准备了整整3年。2009年10月，经过4个月的太

空飞行后，月球陨坑观测和遥感卫星（LCROSS）到达月球。10月9日，LCROSS的两个部分先后撞向月球表面。美国科学家称，这次撞月的首要目的为，探知月球表面是否存在水。

10年前的一个假设

早在10年前，科学家就提出月球可能有水的设想。20世纪90年代，曾先后发射过两个探测器，分别是"克莱门汀"和"月球勘探者"。通过撞击试验，科学家发现月球极地的氢含量正在慢慢上升。因为水冰是氢最可能的来源，所以月球上有水的可能性增大了。

在月球永久性阴暗区陨坑的位置，探测器发现了浓度较高的氢。这些地方的温度特别低，最低能达到-240℃。在这种温度条件下，水不可能以液体或气体的形式存在，只会冻结成冰。这次用LCROSS进行两次撞月，就是为了证明这一点。为了科学研究而撞月，小朋友，你认为这样对吗？

那些空间垃圾怎么办？

每次撞击月球之后，月球表面都会出现大量的尘土和碎石。而且，随着航天器的自我分解，还会产生大量的空间碎片，也就是人们常说的"空间垃圾"。

作为地球唯一的天然卫星，月球是离人类最近的天体。或许，撞月产生的太空垃圾没机会来到更低的空间，不会危害到空间站。但是，越来越多的碎片留在月球附近毕竟不安全。同时，空间垃圾来到地球的可能性非常大，虽然我们有大气层的保护，但某些空间碎片是可以穿透它的。

日益增多的太空垃圾已经开始困扰人类，与其想办法去处理掉它们，还不如少制造一些太空垃圾。为了约束各国对宇宙的探索，联合国在1967年1月就颁布了一个公约，即《关于各国探索和利用包括月球和其他天体在内外层空间活动的原则条约》。

垃圾袋

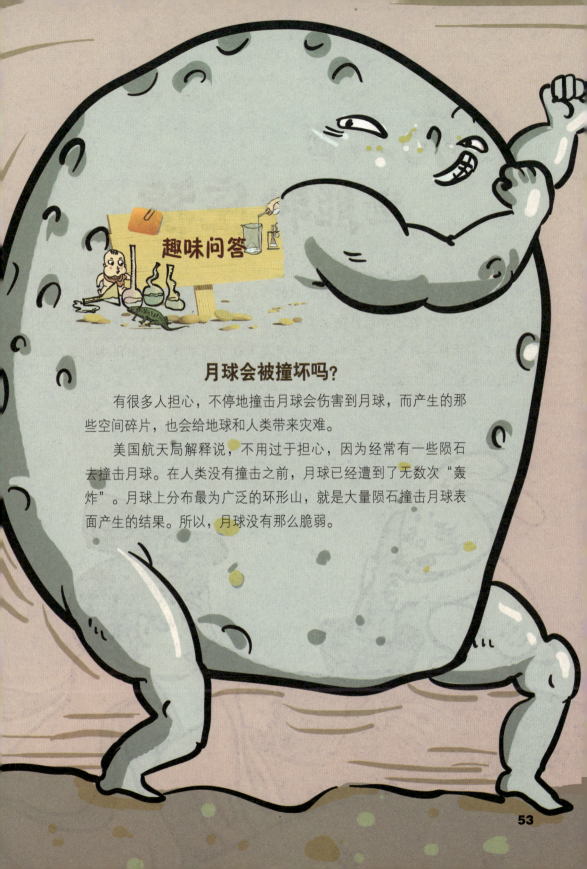

月球会被撞坏吗？

有很多人担心，不停地撞击月球会伤害到月球，而产生的那些空间碎片，也会给地球和人类带来灾难。

美国航天局解释说，不用过于担心，因为经常有一些陨石去撞击月球。在人类没有撞击之前，月球已经遭到了无数次"轰炸"。月球上分布最为广泛的环形山，就是大量陨石撞击月球表面产生的结果。所以，月球没有那么脆弱。

月亮上面
还能种庄稼

在神话故事里，月亮上住着美丽的嫦娥仙子和可爱的玉兔，她们住在一个叫广寒宫的地方。月亮上真的能住人吗？她们每天都吃什么呢？小朋友，你想去月亮上生活吗？要去月亮上住可急不得，咱们得先看看那里能不能种出庄稼来。

营养丰富的月球土壤

地球表面土壤的成分十分复杂，主要为岩屑、粉尘、角砾岩及冲击玻璃构成的细小颗粒。其实，月球土壤也主要是这些成分。但是，月壤的厚度很不均匀，月海的土壤层要薄一些，为4至5米；而月陆的土壤层则要厚很多，大概在10米左右。经过对月壤的研究，俄罗斯科学家发现，月壤中含有丰富的矿物质。它不仅含有铁、金、银、铅、锌、铜等天然的矿物质，还含有地球没有的碘化铯及镉、锌、铁、锰、硫组成的硫镉矿。

因为没有大气层和磁场的保护，所以，月球经常受到太阳风的侵袭，那些高速带电粒子流也能直接到达月球表面。跟随太阳风粒子，丰富的氢、氦、氖、氩、氮等元素也来到月球。当温度达到700℃以上的时候，这些元素就会被释放进土壤中。

人类的新家园

经过无数次的实验，科学家发现，我们可以对月球土壤进行改良。只要将不同的细菌加入月壤中，它就可以孕育出地球上的植物，并且跟地球上长得一样好。而且，月壤中还富含各种矿物质，像铁、钙、镁、磷等元素的含量都很高。如果植物生长在这种土壤里面，月球的居民就可以吃到高质量的食物。

在科学家的设想中，人类将来可以在月球上建立全封闭的月球基地；等植物种植成功后，人类不仅有食物，还有了不可或缺的氧气；而人类和植物都离不开的水，则可以运用高科技从月球土壤中得到。

没水可不能种庄稼

在月球上种植植物可不是一件小事，科学家们遇到很多难题，最大的一个问题就是没有水。如果不能持续供应水的话，不仅植物不能长大，在月球上管理植物的人员也无法生存。目前，科学家已经在开展一项研究——从月球土壤中提取水，可这个研究开销很大。所以，一些科学家开始关注月球上的冰盖，想从中得到最关键的水。但是，一直都没有突破性的进展。

欧洲空间局的科学家拟定了一个计划：先派机器人去月球建设月球基地、种植庄稼，这样就没有氧气和水的问题了；等机器人做了大部分工作后，再派技术工人过去，做一些机器人做不了的事情。

建造房子的最佳原料

要想建造月球基地，那得需要各种建筑材料，大量的混凝土更是不可或缺的。然而，运载火箭根本装不下那么多东西，尤其是水泥和水，从地球直接运过去的可能性为零。因此，科学家只有一条途径——就地取材。

有报道说，经过一系列的实验，美国宇航局的科学家已成功用月壤制造出混凝土。从实验数据可知，月壤制成的混凝土是最佳的建筑材料。与地球上普通的混凝土相比，月壤混凝土的抗压强度增加了45%。而且，在加热、压缩和拉伸等各种测试中，这种混凝土的表现都不错。

月球尘是什么东西？

月球尘就是月亮上的尘土。在太阳紫外线的影响下，月球土壤的细粒会周期性地浮起。当着陆器的推进器点火，或者月球车行走的时候，也会扬起大量的月壤细粒。而这些运动起来的月壤，则统称为"月球尘"。

趣味问答

57

天狗真的能把太阳和月亮吃掉吗？

呀！月亮怎么一点一点地被吃掉了？怎么办？以后都看不到月亮了吗？快看，月亮又被吐了出来，我们又有月亮了！小朋友，不只月亮会不见，太阳也会消失呢！你看见过吗？听说是天狗把它们给吃了，是真的吗？

为什么太阳和月亮都不见了？

小朋友，你知道吗？其实，地球和月球自己都不会发光，因为反射了太阳光，所以才看上去亮亮的。等太阳公公出来以后，在背向太阳的那一面，地球和月球都拖着一条长长的圆锥形的尾巴。

如果月球转到地球和太阳的中间位置，那这三个天体的排列位置就会接近，甚至处于同一条直线上。这时，月球的阴影便将太阳光线遮住，而地球表面被月球阴影扫过的区域，也就无法看到太阳了，这就是日食现象。如果地球转到月球和太阳之间，那地球的阴影也会将太阳光遮住。这时，月球表面被地球阴影扫过的区域就成了漆黑一

片，好像被天狗给吞了一样，这就是月食现象。小朋友，知道了吗，根本没有吃月亮的天狗哦。

日全食和月全食

如果月球的阴影几乎将太阳表面完全遮住，那么，月球阴影就会快速地扫过地球表面。那些被阴影扫过的区域就是"全食带"，那里看不到一点儿太阳。全食带的范围很小，大约包括200千米的地区。因此，生活在地球上的某个特定区域的人要看到日全食并不容易，一般要等上300年左右。

跟月球的直径相比，地球的直径要大得多，足足有月球的4倍大呢。所以，只要地球位于太阳和月亮的中间，且与月球大致处于同一条直线上，月亮就会整个跑进地球的阴影中，出现月全食的现象。

耀眼的钻石环

在出现日食的时候，当月亮完全遮住太阳的那一刻，我们会看到太阳突然变成一圈光环，它就像钻石一样发出耀眼的光芒。太阳怎么会变成一条钻石项链呢？在月球的表面，遍布着蜿蜒起伏的山峦，当月球处于太阳、地球的正中间时，月球边缘的高山可以遮住太阳光，但高山之间的山谷无法将太阳光遮住，所以有一些阳光还是跑了出来。这时，地球上的人就会觉得太阳变成了一个钻石环，科学家称它为

"日环食"。英国的天文学家贝利，对这种现象进行了详细的描述，所以人们称这个光环为"贝利珠"。

太阳为什么被一口一口地吞掉？

当发生日食的时候，并不是一下子就是日全食，太阳会被月球一口一口地给吞下去，这是怎么一回事呢？等月球走到地球与太阳的中间后，太阳会先被月球的影子遮住一小块。这样，太阳的边缘就有了一个小缺口，像是被什么咬了一口。随着月球遮住的太阳区域越来越大，人们看到的太阳表面也就越来越小。

小朋友，你明白了吗？不是太阳被慢慢地吃掉，而是月球遮住了越来越多的太阳。

日食、月食出门也挑日子吗?

发生月食的时候，也是地球转到月球和太阳中间的时候，而这个时候，正好是月亮最圆最亮的时候。因此，只有在农历十五、十六，也就是望日的时候，才会发生月食。然而，因为月球和地球分别有自己的运转轨道，它们并不处于同一平面上，所以，并不是每个望日都有月食现象。

同样的道理，发生日食的时候，也恰恰是月亮最不亮的时候。因此，只有在农历初一，也就是朔日的时候，才会发生日食。

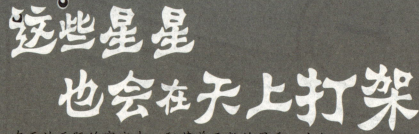

这些星星
也会在天上打架

在无边无际的宇宙中，飘荡着无数的星系，它们就像在草地上玩耍的小朋友，自由自在地跑呀跳呀！哎呀！它们怎么打起架来了，赶紧去劝劝吧！那是谁，它想要跑过来跟银河系打架吗？那地球会不会有危险啊？咱们去瞧瞧这些喜欢互相碰撞的星系吧！

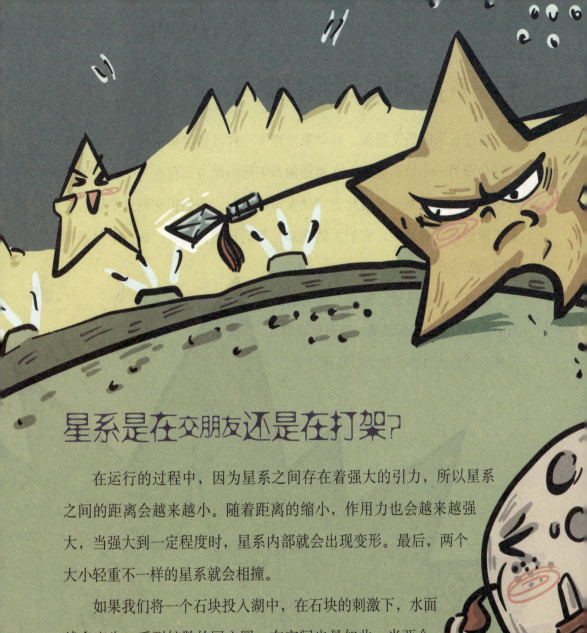

星系是在交朋友还是在打架?

在运行的过程中，因为星系之间存在着强大的引力，所以星系之间的距离会越来越小。随着距离的缩小，作用力也会越来越强大，当强大到一定程度时，星系内部就会出现变形。最后，两个大小轻重不一样的星系就会相撞。

如果我们将一个石块投入湖中，在石块的刺激下，水面就会产生一系列扩散的同心圆。在空间也是如此，当两个星系碰撞之后，星系内的气体就会在冲力下迅速压缩，星系空间就会出现一系列的气圈。虽然看上去很像在找朋友，但它们其实是在互相攻击，因为碰撞对星系的破坏性非常大。

有星系会跟银河系打架吗？

　　通过长期的天文观测，科学家发现了一件可怕的事，我们的银河系可能会跟另一个星系碰撞。在离银河系不远的地方，存在一个比银河系大得多的旋涡星系，它被称为"仙女座星系"。我们正在朝这个星系飞去，照银河系的速度，它们大约在30亿年后相遇。那时，这两个星系极有可能发生碰撞。

　　随着它们的接近、融合，强大的作用力会将一系列恒星抛撒，而新星系中大部分的游离气体，也会被压缩成众

66

多的新恒星。不久之后，一个明亮的有着复杂结构的混血星系就出现了。那时，我们太阳系也会遭到毁灭性的打击。但是，那是30亿年之后的事情，所以小朋友们不用担心的。

碰撞出来的钻石项链

车轮星系，与地球相距约5亿光年。在3亿年以前，车轮星系遇到了一个比它小的星系，结果它遭到了猛烈地撞击。在撞击的过程中，不仅车轮星系内部增加了无数的新恒星，而且车轮星系周围还出现了的美丽恒星环。这些恒星围绕在车轮星系的四周，使它看上去好像戴着一条美丽的钻石项链。

宇宙海洋中的小蝌蚪

在宇宙的海洋中，还有一个形状很特别的星系，它长得像一个小蝌蚪，所以被称为"小蝌蚪星系"。在很久以前，有两个差不多大小的星系，在强大引力的作用下，它们逐渐融合成一个星系。因为受到潮汐力的影响，位于下方的星云在运动的轨迹上抛撒了很多物质，留下了一条长长的尾巴。而上方的星云，则因为引力场比下方强大得多，所以没有留下尾巴。小朋友，你猜到了吗？这个碰撞出来的新星系就是小蝌蚪星系。

谁也不怕的旋涡星系

旋涡星系，从名字就知道，它的结构就是旋涡状的。除了有明显的凸透镜形核心外，它还有数条旋臂。通过对以往资料的分析，科学

家发现旋涡星系不怕碰撞。在历次宇宙战争中，就是凭借这种独特的星系结构，旋涡星系才能免于毁灭。而别的星系则没有这么幸运，只能默默承受一次次或大或小的撞击。

趣味问答

星系碰撞的主力军是恒星吗?

在星系之间发生碰撞的时候，几乎没有恒星与恒星之间的直接接触，比较常见的是巨大的气体云之间的碰撞。在强大压力的作用下，这些气体物质逐渐聚合到一处，当聚合工作告一段落时，一颗新的恒星就出现了。

在咱们的太阳系里，有一颗火红火红的星球，它就是火星。有的人提出，火星是地球的弟弟；有的人认为，火星上住着人类的祖先。这些都是真的吗？这个红红的星球究竟有什么神秘的地方呢？为什么人类对它那么着迷？坐上太空飞船，咱们去火星转一圈吧！

荒凉的沙漠之星

火星，又叫作"荧惑"，是一颗引人注目的火红色行星。按照距离太阳由近及远的顺序，火星是第四颗行星。在地球上，我们用肉眼就可以看到这颗红色的亮星。之所以火星看起来像一个红色的火球，是因为火星表面是一望无际的荒凉沙漠，随处可见沙丘、砾石。

如果火星上有水，那这个星球可能有生命。但是，根据火星探测器发回的信息，火星表面不存在江河湖海，而且火星土壤中也没有生命的痕迹，既没有植物、动物的痕迹，也没有微生物的痕迹。所以说，根本不存在"火星人"。

火星是地球的弟弟吗？

火星的确有很多地方跟地球相似，如火星与太阳相距2.28亿千米左右，而地球与太阳相距1.49亿千米左右；地球上有四季变化，火星也有；地球

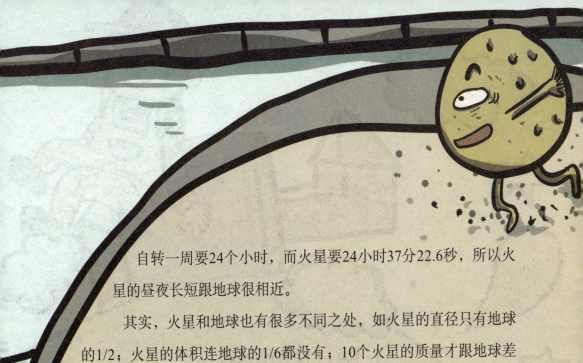

自转一周要24个小时，而火星要24小时37分22.6秒，所以火星的昼夜长短跟地球很相近。

其实，火星和地球也有很多不同之处，如火星的直径只有地球的1/2；火星的体积连地球的1/6都没有；10个火星的质量才跟地球差不多。而且，跟地球的大气层相比，火星的大气要更为稀薄，除了95%的二氧化碳、3%的氮气之外，仅有一点点氧气与水分。所以，火星跟地球的差别挺多的，不可能像地球一样孕育生命。

火星上也有沙尘暴

火星还有一点跟地球一样，那就是火星也有沙尘暴。火星每年都有1/4的时间在刮风暴，而且特别的大。地球上刮台风的时候，风速再大也不会超过每秒60多米；而火星上的沙尘暴，其风速却能达到每秒180多米。一到沙尘暴袭来的时候，整个火星就会被漫天飞舞的狂沙所笼罩。

火星也有两极

火星的两极，又叫作极冠，这里温度特别低，气温长年在冰点以下，所以只能看到白茫茫的一片。科学家在研究后得出，火星极冠的主要物质为固态二氧化碳（也就是"干冰"），并含有一小部分水汽凝结成的冰。

随着季节的变化，火星极冠的冰域也会有亮区和暗区的不同。冬季来临后，气温开始下降，由于大气中的二氧化碳大量凝结成冰，所以极冠也逐渐增大。这时，极冠可以反射更多的光，所以看上去要更加明亮。到了夏季，冰雪开始融化，极冠也越来越小，反射的光少了，自然也就暗了许多。

火星有两个守护神

咱们地球只有一个卫士，那就是月球。人家火星可是有两个守护神，它们分别为火卫一(福波斯)、火卫二 (德莫斯)。

在希腊神话中，福波斯和德莫斯是战神阿瑞斯的两个儿子，它们经常驾驶战车出现在空中。

火卫二是一颗直径只有15千米的卫星，在太阳系中，它是最小的行星卫星。有的科学家猜测，这颗卫星来自小行星带的可能性很大，它应该是被木星甩到火星的周围，然后留下来做了火星的一颗卫星。

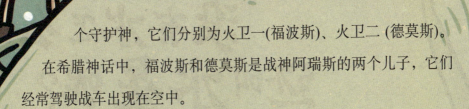

行星和恒星的区别是什么？

行星，指那些自身不会发光、围绕在恒星四周的天体。之所以会叫行星，是因为它们在天空中的位置总是不停地变换，就好像它们很喜欢来回散步一样。而恒星，则是指跟太阳一样，可以自己发光的星星。那小朋友肯定要问了，既然星星不会发光，那我们怎么还能看到它们呢？原因很简单，像月球一样，这些行星也能反射太阳光。

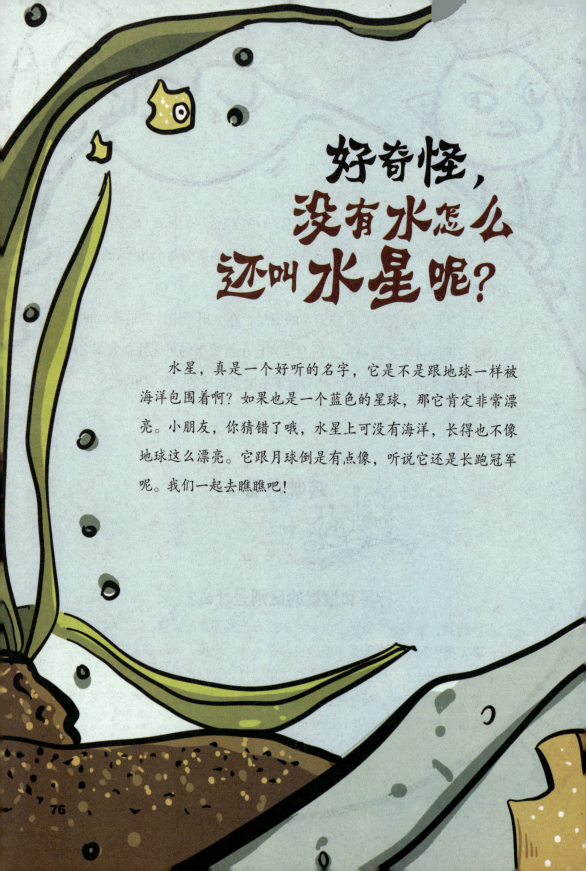

好奇怪，
没有水怎么
还叫水星呢？

　　水星，真是一个好听的名字，它是不是跟地球一样被海洋包围着啊？如果也是一个蓝色的星球，那它肯定非常漂亮。小朋友，你猜错了哦，水星上可没有海洋，长得也不像地球这么漂亮。它跟月球倒是有点像，听说它还是长跑冠军呢。我们一起去瞧瞧吧！

太阳系的长跑冠军

水星又叫作辰星，在太阳系的八大行星中，它是离太阳最近的一颗行星。水星之所以比较有名，那是因为它跑得特别快，平均速度能达到每分钟2 873.4千米，而且它的运动轨迹也很奇特。只需要一个半月的时间，水星就可以从太阳的最东边"嗖"的一下来到最西边。在太阳系中，没有一颗行星敢跟水星赛跑。

由于水星离太阳最近，接收的太阳辐射与能量也最多，所以水星表面的大气非常稀少，而且大气层也只有薄薄的一层。据科学家猜测，氧、气化钠和氢是组成水星大气的主要成分。

水星跟月球可能是亲戚

从地球表面对水星进行观测，我们根本看不清水星表面的情况。科学家在研究水星的过程中，主要借助宇宙飞船发回的照片。长时间的观测后，科学家发现一件有意思的事，水星表面跟月球极为相似。除了遍布环形山之外，水星表面还有很多高山、平原和悬崖峭壁。难道水星跟月球有亲戚关系？

经初步统计，水星表面大约有上千个环形山。跟月亮上的环形山不同的是，这些环形山的坡度要更平缓。为了便于记忆，科学家给这些环形山取了名字，用那些对人类有过巨大贡献的人的名字来命名。其中，有十几个环形山是以中国人的名字命名的哦！

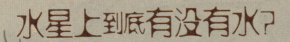

水星上到底有没有水?

　　1991年，在水星的北极，天文学家观测到一个特别的亮点。科学家提出一个大胆的假设，这个地方的地表或地下可能存在冰。因为水星的运行曲线非常特别，所以它的北极有一个奇怪的现象，那就是太阳始终徘徊在地平线的上面。这样的话，很多陨石坑内部也就一直见不到阳光，由于没有阳光照射，那里的温度特别低。

　　科学家估计，温度甚至会降到-161℃以下。假如温度真的有这么低，那么，不管是水星内部释放的水汽，还是太空来的冰，都会在这里凝结成冰。当然，这仅仅是猜测，还需要进一步证实。

肉眼能看到"水星凌日"吗?

在水星运动的过程中,它会来到太阳和地球的中间,这时,地球上的人就会看到水星成了一个小黑点,而且这个小黑点会慢慢穿过太阳,这个现象就是"水星凌日"。由于水星的面积太小了,所以它挡住太阳的区域十分有限,也不能让太阳亮度明显地变弱。因此,人们无法用肉眼看到"水星凌日"的景象,只能利用望远镜来辅助观看。

水星上不可能存在生命

水星上的温差很大,太阳照射的那一面,温度在最热时高达427℃;而太阳照不到的那一面,温

水星历

度最低为-173℃。水星上有一个温度最高的地方，那里是一个盆地，由于它的气温高过所有的行星，所以科学家称它为"卡路里盆地"。在这种温度下，不可能存在液态水。

水星离太阳比地球近得多，只有地球到太阳距离的1／3。由于水星大气起不到遮挡作用，所以水星上的阳光非常强烈，足足比地球赤道的阳光强度高出5倍。在这种环境下，就算真的有生命，也会被大大的太阳给熔化。所以说，这个星球上不可能有生命。

趣味问答

水星的一天有多久？

水星自转一周需要58.646日，公转（围绕太阳运行）一周需要87.969日。也就是说，水星的自转周期为公转的2／3。对地球来说，自转一周就是一昼夜的时间；而对水星来说，它得自转三周才能出现一个昼夜。这么来算的话，水星上的1天等于地球上的176天，等于自身公转了两周的时间。如果绕太阳转一圈就是一年，那水星在一天之内就过了两年哟！

木星真难看，还长着大红斑

  在太阳系的八大行星中，它毫无疑问是最引人注目的一颗，因为它的亮度和它庞大的体积。但是，它也是最可怜的一颗，因为其他星球都有很漂亮光滑的外表，而它却长着一块大红斑。八颗行星，它为什么最引人注目？它的红斑又是怎么回事？想知道答案吗？那就接着往下看吧。

太阳系中的巨人是谁？

　　它的大"肚子"里面可以装下1 316个地球，这个庞大的行星叫木星。木星的直径约为14.3万千米，是地球的11.25倍。它的质量是八颗行星里最大的，是八颗行星加起来的总和的2.5倍。因此，木星被称为太阳系中的"巨人"。

　　庞大的木星从里到外由木星核、木星幔以及木星外部的大气层三部分组成。木星核是由铁和硅组成的固体核，它的温度很高，最高可达到300 000℃。木星幔是由液态的氢分子层和液态的金属层组成的。在木星幔四周，由氢和氦以及微量的甲烷、氨和水汽共同形成了一个厚度大约为1 000千米的大气层。

木星表面有些什么?

木星自身也有光环,它的光环是由大量尘埃和黑色石块组成的。所以虽然它有8 000千米的宽度,但是由于反射的光线不多,再加上光环本身的颜色又很暗淡,所以,在地球上很难观测到木星光环。

木星的自转速度很快,它的表层大气跟不上它的自转速度,因此,它自转产生的离心力将大气分成了平行的云带。在木星的赤道附近,明暗相间的云带非常明显。

木星有哪些家族成员?

在离木星40万至90万千米的轨道带上,环绕着很多小卫星,目前已知的共有63颗,它们连同木星构成了一个木星系,其中有4颗特别亮。我们通常称它们为木卫一、木卫二、木卫三和木卫四。

木卫一和月亮差不多大,呈球形,而且通体鲜红,大约是太阳系中最红的天体了。它的地貌和地球有些相似,上面有平原、山脉、峡谷和许多火山盆地。

木卫二的体积没有木卫一大,大量冰层覆盖在它的表面,因此,我们很难看到它的内部结构。但是它的冰面上布满了很多纵横交错的明暗条纹,根据推测,有可能是冰层的裂缝。

木卫三是4颗卫星里体积最大的,它的表面呈黄色。它里面有一部分被冰层覆盖,还有一部分则堆积着许多岩质灰尘。里面也能看到粗略的地表面貌,比如山脊、沟壑和断层山脉等。

木卫四很小，直径大约为600至1500千米。它最明显的特征是，有一个很显眼的白色核心。

木星的"红色疤痕"

在木星表面，赤道南侧有一块很引人注目的"红色疤痕"。其实，它是一个形状为椭圆形，长大约为2万千米，宽约为1.1万千米的大红斑。据探测显示，它的颜色是变动的，有时是鲜红的，有时又为淡玫瑰色。而且，这块耀眼的红斑已在木星上存在了几个世纪，并且丝毫没有消失的迹象，只是它的面积比100年前缩小了一半而已。

木星上面会出现极光现象吗？

我们知道，地球上面是存在极光现象的，而宇宙中的其他天体则没有。但是，根据探测木星的探测器显示，木星上也有极光现象的出现。所以啊，木星可是除地球以外第二个发现有极光现象的天体哦。有科学家推测，它的极光应该和地球上的极光一样，是带电离子撞击大气产生的。

土星的"草帽"是什么东西？

　　在离太阳很远的地方，有一颗美丽的橘黄色星球。它表面漂浮着绚丽的彩云，中间还有一道美丽耀眼的光环。远远看上去，就像是一顶女孩子戴的太阳帽。在冰冷的宇宙里，它特有的美丽景象让人们过目难忘。这颗美丽星球是谁呢？它到底有着怎样让人惊叹的美丽？接下来就让我们一起去看看它吧。

它到底长什么样呢?

自从人们看到它后，就对它美丽的光环惊叹不已。我们可以看到，在它的赤道平面上，有明暗不一的5个光环，其中包括A、B、C三个主环和D、E两个暗环。这个拥有很多光环的星球叫作土星。

土星也是太阳系里体积很大的一个，仅次于木星。它的直径约为12万千米，体积是地球的730倍。土星的内部是由岩石组成的核，核的外面是由约5 000千米厚的冰层和金属氢组成的壳。最外面被由氢、氦还有甲烷组成的云带围绕着，那些云带颜色十分绚烂，非常漂亮。

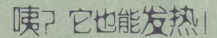

咦？它也能发热！

　　土星是距太阳第六远的行星，因此，它所接受到的太阳热量非常少。但是，在1969年，人们探测到，土星自身辐射出来的热量是所接受的太阳热量的2倍多。

　　后来，更多的探测证明了这一点。也就是说，在土星内部，有一个温度很高的热源，它也在向外辐射热量。

还有探测显示，土星也具有磁场。它的磁场像头鲸鱼，脑袋圆圆的，尾巴又粗又壮。而且，它的磁轴几乎和自转轴重合。

土星的卫星

在土星四周，人们发现了很多卫星。它们在不同的轨道上绕着土星转动，和土星一起构成了土星系，而它们其中的大部分都有自己的名字。到目前为止，人们一共确认了23颗土星卫星。科学家相信，在土星四周，还有很多卫星没有被发现。

在土星的众多卫星中，人们惊奇地发现，土卫三、土卫十六和土卫十七竟然在一个轨道上运动。有科学家推测，这三颗卫星本来是一颗，只是后来不知道什么原因，被分裂开了。

在众多卫星中，我们来看看土卫六。这颗卫星是在1655年被发现的，它是人类发现的太阳系中唯一一个拥有大气层的行星卫星，其大气成分主要是碳氢化合物，因此，土卫六才呈现出鲜艳的红色。

土星极光是怎么回事呢？

我们知道极光是由带电离子和大气撞击产生的，在地球上有极光现

象。那么土星呢？有探测表明，在土星上也有极光，它也是高速带电离子和土星大气分子相互撞击的结果。

我们还发现，一般的地球极光出现时间很短，刹那即逝。但是，土星极光持续的时间很长，可以长达几天。科学家推测，这可能是土星大气的运动造成的。

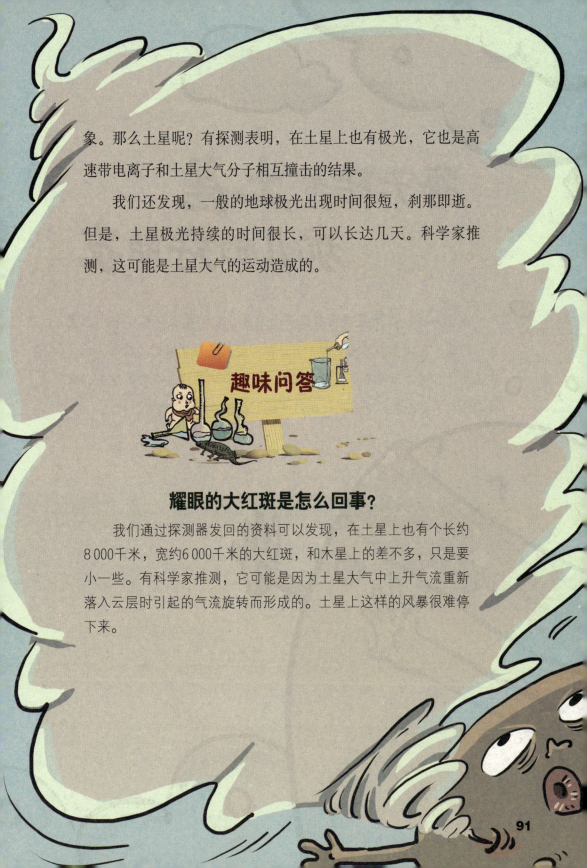

耀眼的大红斑是怎么回事？

我们通过探测器发回的资料可以发现，在土星上也有个长约8 000千米，宽约6 000千米的大红斑，和木星上的差不多，只是要小一些。有科学家推测，它可能是因为土星大气中上升气流重新落入云层时引起的气流旋转而形成的。土星上这样的风暴很难停下来。

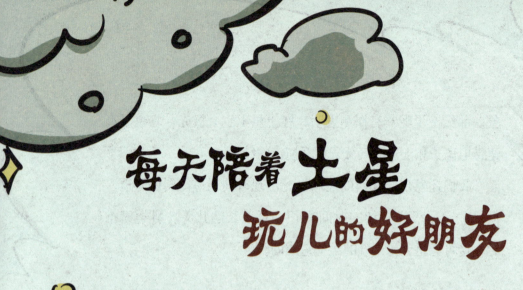

每天陪着土星玩儿的好朋友

我们知道，在土星四周有很多小卫星，它们甚至形成了一个土星系。但是，在众多小卫星里面，有一颗却受到了科学家们的特别关注。这是为什么呢？土星有那么多卫星，为什么单单关注这一颗？它有什么特别的？不要着急，下面就让我们一起去看看这个"小明星"吧。

土卫明星 "恩克拉多斯"

这个备受关注的"小明星"叫"恩克拉多斯"，当然，我们常称它为土卫二。它是在1789年被英国天文学家威廉·赫歇尔发现的，名字也是他取的。

土卫二很小，直径约为500千米。1981年，我们看到从土卫二上拍下的照片，上面冰层覆盖，还有很多山脉，但是却十分荒凉。那个时候，它还不"出名"。

到了2005年2月，"卡西尼"号土星探测器再次从土星上拍回了照片。科学家们却惊奇地发现，这颗小卫星竟然有自己的大气层。而且，在它的南极地区，有一块地方正在不断喷

射着间歇泉，那些东西像是水蒸气和冰的混合物。土卫二一下子就"出名"了。因为科学家认为，它是太阳系里最有希望存在生命的地方。

不断地探索

我们知道，水是人类生活必不可少的物质。只要我们找到了水，那么，生命也就可以延续了。

后来人们发现，土卫二上的间歇泉里包含着甲烷、丙烷、乙炔和二氧化碳等物质。大量气体夹杂着这些物质不停地从地表溢出，形成了一个稀薄的大气层。但是，土卫二的表面非常寒冷，那么，那带着水蒸气的间歇泉到底是怎么回事呢？

接下来，人们又发现了土卫六，它是土星卫星中体积最大的一个，直径为5150千米。人们根据拍摄的照片发现，在它的上面，存在着水汽丰厚的大气，甚至它的地表上还有河道和海滩。这让人感觉土卫六上有水存在。

又一次失望

经过研究，人们发现，土卫六上的确有过流淌的液体。但是，它们不是水，而是甲烷。甲烷在地球上的形态是气体，因为土卫六的温度实在是太低了，所以甲烷才会变成流动的液体。

一般情况下，行星和卫星最热的部分应该在赤道附近，寒冷的地方则在两极地区。可是在土卫二上，最热的地方却是在南极。有探测显示，土卫二赤道附近的平均温度为-193℃，而南极的平均温度为-187℃，在它发生间歇泉的地方比南极还要温暖一点。

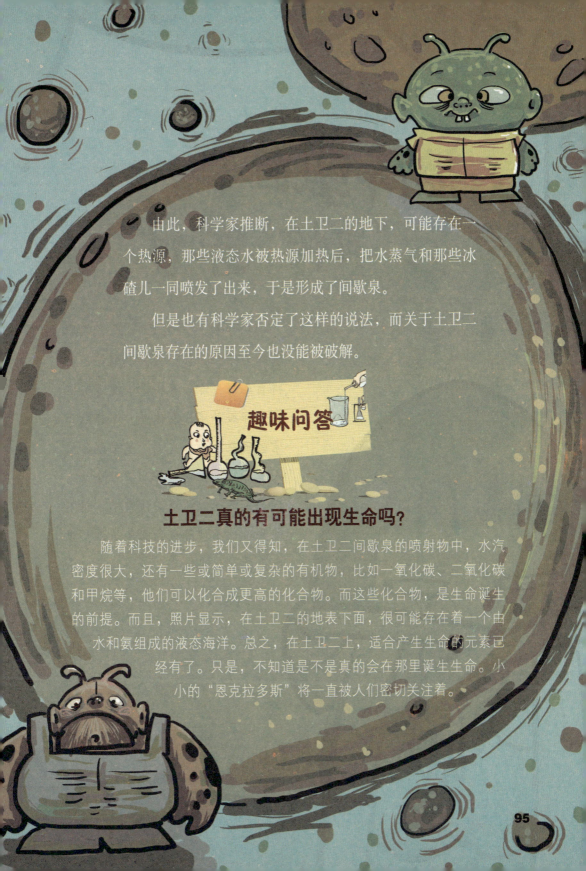

由此，科学家推断，在土卫二的地下，可能存在一个热源，那些液态水被热源加热后，把水蒸气和那些冰碴儿一同喷发了出来，于是形成了间歇泉。

但是也有科学家否定了这样的说法，而关于土卫二间歇泉存在的原因至今也没能被破解。

趣味问答

土卫二真的有可能出现生命吗？

随着科技的进步，我们又得知，在土卫二间歇泉的喷射物中，水汽密度很大，还有一些或简单或复杂的有机物，比如一氧化碳、二氧化碳和甲烷等，他们可以化合成更高的化合物。而这些化合物，是生命诞生的前提。而且，照片显示，在土卫二的地表下面，很可能存在着一个由水和氨组成的液态海洋。总之，在土卫二上，适合产生生命的元素已经有了。只是，不知道是不是真的会在那里诞生生命。小小的"恩克拉多斯"将一直被人们密切关注着。

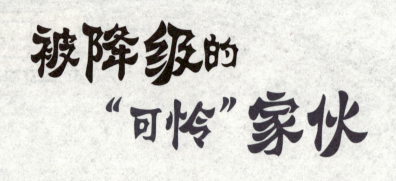

被降级的"可怜"家伙

在学校，当自己一下子从班长降为组长，你一定会很难过，觉得自己好可怜。其实根本没必要这样，降级并不代表你差，这是很正常的现象。你知道吗？星星也会被人类降级，但是它并不"可怜"，因为人类比以前更关注它了。想不想知道这个被降级的家伙是谁？跟我走你就会明白了……

它是怎么被发现的？

1929年，美国天文学家汤博拍摄了好多照片，每张照片上都有几十万颗星星，然后他又仔细对这些底片认真比较和分析研究，终于在1930年2月的一天，汤博发现了双子星座底片中有一颗星星在忽隐忽现，又观测了一个月后，汤博郑重地向世界宣布了这颗新行星，它就是冥王星。

为什么叫它冥王星？

这颗小行星因为离太阳太远，就一直呆在无尽的黑暗中，与罗马神话中长期生活在黑暗地狱中的冥王普鲁托（Pluto）很像，所以人们就称这颗小行星为普鲁托。1930年，日本人野尻抱影将它音译为"冥王星"，后来东亚许多使用汉字的国家就都称它为"冥王星"了。

它为什么被降级?

　　刚发现冥王星时,以为它比地球大得多,所以把它归到大行星之列,但是经过数十年的观测发现,冥王星根本就没有那么大,它比月球的体积还要小。一个天体需要满足3个条件才能被称为行星:位于围绕太阳的轨道之上;有足够大的质量来克服自身引力能使其成球形;有足够的引力清除其轨道周围的其他天体。因为冥王星不符合第三条规定,所以在2006年8月24日,国际天文联合会就将冥王星从太阳系九大行星中除名,正式降级为矮行星。

它有自己的卫星吗?

1978年7月，美国海军天文台的克里斯蒂发现冥王星的圆面略有拉长，后来他就对1970年以来所有的冥王星照片进行了对比，他发现这种现象是很有规律地出现的，于是他断定冥王星应该有一颗卫星。经过人们多年的拍摄和研究，到现在已发现有4颗冥王星的卫星。其中最大的卫星是冥卫一，直径有1 172千米；最小的卫星P4是在2011年7月20日被发现的，它的直径大约30千米。

冥王星的独特之处

别看冥王星个头小，它也有它特别的地方。冥王星的轨道可奇怪了，由于冥王星轨道的偏心率比其他行星大，所以有时候它会比海王星离太阳还近（从1979年1月到1999年2月期间），因此看似冥王星的轨道好像要穿越海王星的轨道，但实际上并没有，它们是永远不会相撞的。

冥王星仍是一个未知数

因为还没有太空飞行器访问过冥王星，人类只能用哈勃太空望远镜观察它表面的大致情况。在1978年，一次偶然的机会，人类通过冥卫一观察了冥王星的运行。经过研究计算，人类猜测冥王星的半径在1 137千米左右，冥王星和冥卫一的总质量也很清楚，但是它们分别的质量就不知道了。另外，冥王星的表面温度、大气成分、有没有生物生存等情况仍是一个未知数，相信通过未来更先进的探测技术，这些谜团都会——解开的。

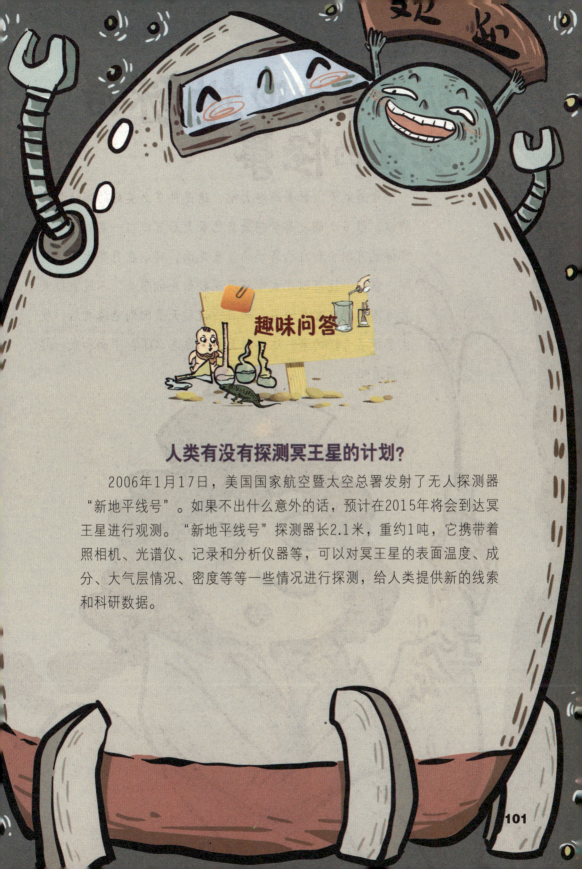

趣味问答

人类有没有探测冥王星的计划？

2006年1月17日，美国国家航空暨太空总署发射了无人探测器"新地平线号"。如果不出什么意外的话，预计在2015年将会到达冥王星进行观测。"新地平线号"探测器长2.1米，重约1吨，它携带着照相机、光谱仪、记录和分析仪器等，可以对冥王星的表面温度、成分、大气层情况、密度等等一些情况进行探测，给人类提供新的线索和科研数据。

航天员返回地球后发生的怪事

坐着航天飞机去遨游太空，这是件多么美好的事情啊！所以，很多小朋友都梦想着自己长大后可以当一名航天员，那样就可以去和自己喜欢的星星见面，可以在月亮上留下脚印，嘿嘿，还可以在太空环境里轻松地翻跟头。不过做航天员可不是那么容易的呢，而且听说航天员回到地球之后，发生了很多奇怪的事。这些航天员到底怎么了？下面和我一起去看看吧。

呀，航天员生病了！

　　航天员去了别人不能到达的太空，多让人羡慕啊。可是等他们回到地球上之后，身体会很不舒服，而且会生一些奇怪的"病"。曾经有一名航天员"飞天"回来之后，接受了媒体的采访，当他兴奋不已地讲自己在太空里的故事时，却突然昏倒在了地上。其实，很多航天员在回到地球之后都会感觉到头晕，严重的时候会晕倒并失去知觉。有些航天员体重发生了明显的变化，太空之旅成了"减肥之旅"；还有些航天员吃起东西来没有胃口，哪怕是以前最爱吃的食物，也不能勾起他们的食欲。

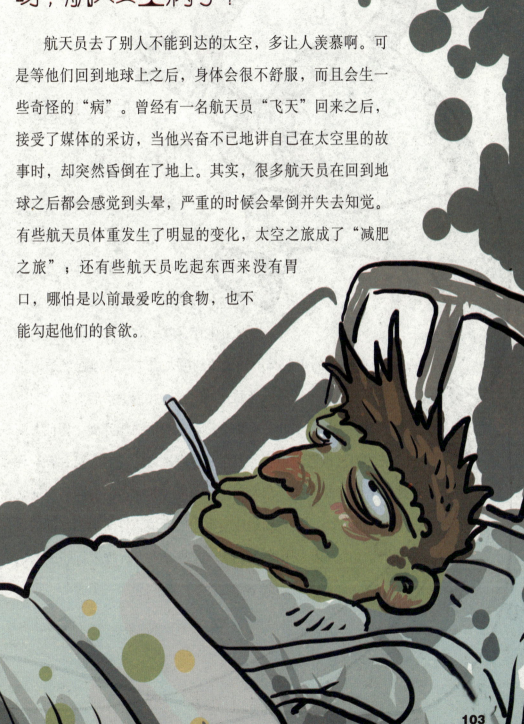

原来是重力在"搞鬼"

到底是什么原因让航天员不舒服呢？后来科学家研究发现，原来是地球的重力在他们身上"搞鬼"。人类能在地球上生存，就是靠着地球上的重力作用，要不地球上的东西都不知道飘到哪儿去了。人体已经适应了地球上的环境，所以当站立的时候，我们上身的血液会向下流动，大脑会给出一个命令，让上身的血压升高，保证大脑和心脏的血液供应。但在太空里是没有重力的，航天员会有一种在地球上倒立的感觉，在太空待上一段时间后，他们回到地球又要重新适应有重力的环境，这时他们脑部的血压就会下降。这些被重力折腾来折腾去的航天员们就难免会头晕了。

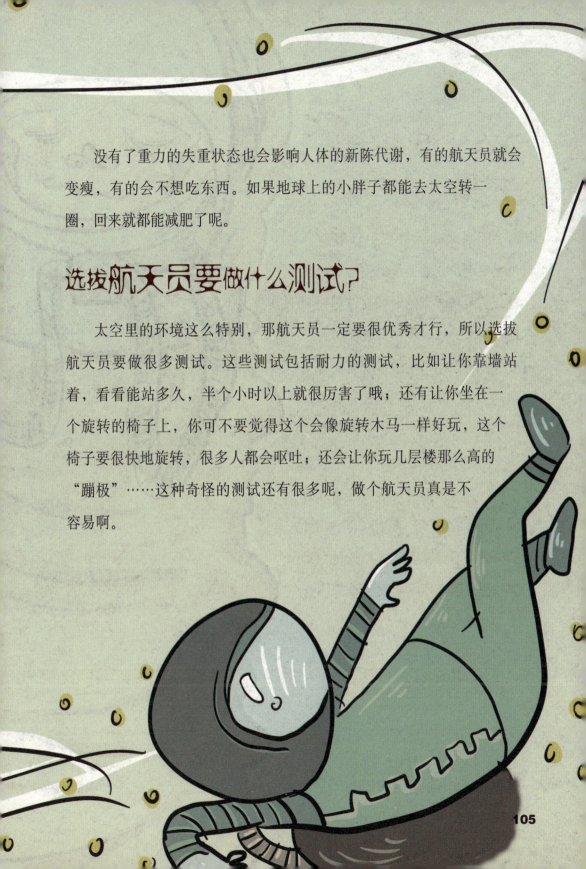

没有了重力的失重状态也会影响人体的新陈代谢，有的航天员就会变瘦，有的会不想吃东西。如果地球上的小胖子都能去太空转一圈，回来就都能减肥了呢。

选拔航天员要做什么测试？

太空里的环境这么特别，那航天员一定要很优秀才行，所以选拔航天员要做很多测试。这些测试包括耐力的测试，比如让你靠墙站着，看看能站多久，半个小时以上就很厉害了哦；还有让你坐在一个旋转的椅子上，你可不要觉得这个会像旋转木马一样好玩，这个椅子要很快地旋转，很多人都会呕吐；还会让你玩几层楼那么高的"蹦极"……这种奇怪的测试还有很多呢，做个航天员真是不容易啊。

在太空里的有趣生活

　　回到地球后是蛮不舒服的，可是航天员在太空里的生活非常有趣。航天员睡觉的时候要钻进一个挂在墙上的睡袋里，并且胳膊一定要放在里面，不然醒过来就会看见胳膊在眼前飘。航天员吃东西一定要快，夹菜要快，放到嘴里要快，闭嘴也要快，要不然好吃的就"跑"掉了。那些吃饭时喜欢说话的人就要改改了，否则刚嚼了几口的饭就会满天"飞"。航天员在太空里想拿起东西很容易，谁都能变成"大力士"！

趣味问答

中国第一位进入太空的航天员是谁？

　　中国的航天事业发展也很快呢，在2003年10月15日上午9点的时候，长征二号F号火箭运载了神舟五号飞船进入太空，飞船里面坐着的是中国第一位进入太空的航天员——杨利伟。第二天，杨利伟乘飞船顺利回到了地球。中国成了世界上第三个能把人送上太空的国家，其他的两个国家是俄罗斯和美国。

金星上有金子吗?

　　我们在看《西游记》时，总看到一个白胡子老爷爷，人人都喊他"太白金星"。世界上真的有"太白金星"吗？告诉你，还真有，只不过神话故事中的"太白金星"是个神仙，而现实世界中的"太白金星"是个星体，现代人都叫它"金星"。是不是觉得很奇怪啊？那就赶快去一探究竟吧！

我们能看见"太白金星"吗?

在中国的古代,金星被叫作"太白"或"太白金星"。太白金星可淘气了,它总是东躲西藏的。有时候它在天亮前出现在天空的东方,被人们称为"启明";有时候又会在黄昏后出现在天空的西方,人们叫它"长庚"。金星是夜空中仅次于月亮的最亮的星星。在夜晚,我们看到西方的天空有一颗最亮的星星,它就是金星。

金星大还是地球大?

金星和地球长得很像,只是比地球稍微小一点儿。金星的半径约为6 050千米,比地球小约400千米,平均密度约为地球的95%,它有地球的88%那么大,质量为地球的4/5,而且它的周围也像地球一样有大气和云层。所以人们都说金星是地球的双胞胎妹妹。

太阳非要从西边出来

　　金星是太阳系中特殊的一个大行星，只有它跟别的星体不一样，是逆向自转的。我们在地球上看太阳是东升西落，可是从金星上看太阳，却是西升东落的。所以，在金星上，你可千万别说"太阳从西边出来就怪了"的这种话。金星的自转速度非常慢，它的自转周期是243个地球日，因为金星自转方向和地球相反，所以在金星上过一天一夜，相当于在地球上过了117个日夜。

金星上有没有动植物呢?

　　金星上热死了，它的表面温度非常高，超过了400℃。金星上的气压也非常高，大约是地球气压的90倍。它的大气成分主要是二氧化碳，有着非常严重的"温室效应"，所以目前还未发现金星上存在有生命。科学家们研究发现，早期的金星和地球很像，它也有大片大片的海洋，很有可能存在过生命，但是后来不知是什么原因，金星上的温室效应越来越严重，就变成了现在这个模样。所以，我们要好好爱护我们的地球，不要让温室效应毁了我们的家园。

金星长什么样?

金星地貌很复杂,大部分是广阔的平原,只有一小部分是坑洼地和高原。金星上最高的山峰比珠穆朗玛峰还要高近2 000米,最大的高原是青藏高原的3倍多。金星上还有一条大峡谷,它从南向北穿过赤道,长达1 200千米,是八大行星中最大的峡谷。金星上火山非常多,是太阳系中拥有火山最多的行星。

金星上是不是有许多金子啊?

金星高原上的玄武岩中含有大量的钾和镁,且含有比地球上的玄武岩中多出许多的硫,但并未发现有许多金子存在。可能是因为金星闪耀夺目的原因吧,所以人们才给它冠以"金星"的美名!

人类是怎么发现金星秘密的呢？

人类是通过金星探测器来研究金星的。从1961年至今，一共有30多个探测器对金星进行了探测。

1962年8月27日，美国的"冰手"2号金星探测器发射成功，揭开了人类探测金星的序幕。"麦哲伦"号金星探测器于1990年8月10日进入绕金星飞行的轨道，它对金星进行了长达4年的详细拍摄，最后在进入金星大气层后被烧毁了。2005年11月9日，欧洲首个金星探测器"金星快车"也对金星进行了为期486天的探测，它对金星的大气层和气候变化进行了精确的探测。

听！少天空
深处传来了声音

　　我们在看星际战争的科幻片时，经常会被飞船的爆炸声、双方的交火声震得一惊一乍的，仿佛自己就在战争现场一般。如果我们真的在太空中战斗杀敌，会不会也听到这些震耳欲聋的声音呢？当飞船爆炸时，太空会有什么动静呢？人类真的能听到来自太空的声音吗？我们的疑问还真不少，接着往下看，你就全明白了。

声音是怎么传播的？

　　声音的传播需要一种叫介质的东西，通过它才可以将声音从声源传到听到声音的那一端。

　　我们在和小朋友说话时，声音是在空气中传播的，这时候的介质是空气；当我们把耳朵贴在桌子的一端，用手指敲打桌子的另一端，我们就会听到手指敲打桌子的声音，这说明声音能在固体中传播，这时候的介质是桌子表面；钓鱼时，人不能在岸边大声讲话和来回走动，否则就会吓跑鱼儿，这说明声音可以在液体中传播，这时的介质就是水。真空中就没有传播声音所需的介质，所以在真空中是听不到任何声音的。

一到太空就变成了聋子？

　　太空是真空，那航天员一进入太

空，是不是什么都听不见了？

其实太空并不是完全的真空，太空中有恒星、行星、卫星等等那么多的星球，它怎么可能是真空呢？在太空中还存在着气体，只是这些气体的压力和密度都非常低，对于像我们人类这样的生命体来说，太空就跟真空一样，如果不借助其他介质的话，我们的耳朵是听不到任何声音的。要是我们生活在太空中，我们就听不到妈妈唱歌了，也不能和小朋友聊天了，我们一个个都成了小聋子。

为什么航天员在太空能听到声音?

真奇怪，既然在太空中听不到声音，那航天员出舱后怎么和同伴交流呀？有三种情况可以使航天员在太空中听到声音。

一是通过无线电波的方式传播声音。无线电波是一种电磁波，可以在真空里传递，所以只要在舱外航天服中安装上无线电接收装置，航天员出舱后，就可以听到同伴传来的无线电信号了。无线电接收装置在接收到信号时，会立刻将它转化为声音，声音通过航天服里的空气就会传入耳中了。

二是将头盔与金属物体碰撞，声音通过航天服中的空气传播。当头盔撞上飞船时，你会听到撞击的声音，它是通过头盔与航天服里的空气传播的。不过，无论你的脑袋多么用力撞击飞船，同样身在真空中的其他航天员却不会听到一丁点撞击声。

三是通过"骨传导"方式来传播声音。当航天员迈出飞船后，把脸贴在飞船表面，他就可以听到同伴在座舱中说话的声音，这时，声音是通过下巴与头骨上的骨骼传到内耳的。这就跟我们平时吃饼干、刷牙时，自己能听到很大的"咯吱"声和"唰唰"声一样，都是通过骨传导的方式传播声音的。

趣味问答

杨利伟在太空中听到的声音是什么？

在"神五"返回地球后，中国中央电视台采访了杨利伟。主持人问杨利伟，在太空中你真的从没害怕过吗？杨利伟说："有，我在太空中听到一些我从未听过的声音……"这神秘的声音究竟是什么？因为当时"神五"没有加装录音存储设备，所以无法使那些神秘的声音再现。直到"神七"航天员返回地面，才知道原来是虚惊一场。飞船在朝太阳飞行时温度很高，而背对太阳飞行时温度很低，因温度的反差太大，造成飞船材料的热胀冷缩，就产生了这种奇怪的声音。

人类能不能把家搬到"土卫六"上去？

看着动画片上的小朋友乘着飞船到了别的星球上，真的好羡慕他们啊！如果我们也能把家搬到其他星球上就好了，说不定那里还有好多可爱的小朋友呢！那样我就可以把我的巧克力给那边的小朋友吃，还可以在那里盖好大好大的房子……是啊，难道只有地球上能住人吗？科学家们还真发现了一个很有可能能住人的星球，想不想了解它？

接着往下看……

它是什么星球？

这个星球是土星的一个卫星，名叫土卫六，也叫泰坦星。它是在1655年被惠更斯探测器发现的。土卫六上有大气层，它的大气主要成分是碳氢化合物，所以我们看到的土卫六都是橙红色的。土卫六上经常刮起超级气旋，比龙卷风的速度还要快得多，力气也大得多。

土星是个大火炉

土星离太阳好远好远，它只能吸收到很少的太阳光。可是人类探测到土星会向外放射出特别高的热量，几乎是它从太阳那里吸收的热量的2.5倍，这又是怎么回事呢？原来，土星就跟一个大火炉一样，自身就有高温热源，它可以向外辐射很多的热量。要是我们搬到土星上，冬天的时候很可能就不用火炉和暖气了。

土卫六上能住人吗?

从探测器拍摄的照片资料来看，土卫六上有高高低低的大山，有河流和湖泊，还有冰块留下的痕迹；土卫六的大气中大多都是氮气和甲烷，它的周围是厚厚的大气层。地球40亿年前的大气结构也和它差不多，所以科学家推测，在遥远的未来，土卫六上很有可能会出现生命。但是现在它上面的温度非常低，在零下179℃左右，几乎没有什么生物能在这么低的温度下生存，所以现在土卫六上很可能没有生命。

卡西尼－惠更斯探测器

卡西尼－惠更斯探测器是美国研制的土星探测器，1997年10月15日发射成功。这个探测器由两部分组成：一是轨道探测器，取名卡西尼号，它装有12种探测仪器；再有就是着陆器，名叫惠更斯号，携带有6台科学仪器。卡西尼－惠更斯探测器在2004年年末到达了目的地，进入了绕土星运行的轨道。2005年年初，惠更斯号脱离了卡西尼号飞向了土卫六，在土卫六上着陆，它探测的数据和拍摄的图像会通过卡西尼号再传回地球。

　　我们现在对土星的研究数据也都来自于卡西尼-惠更斯号探测器，它为人类对土星的研究和探索做出了很大的贡献。

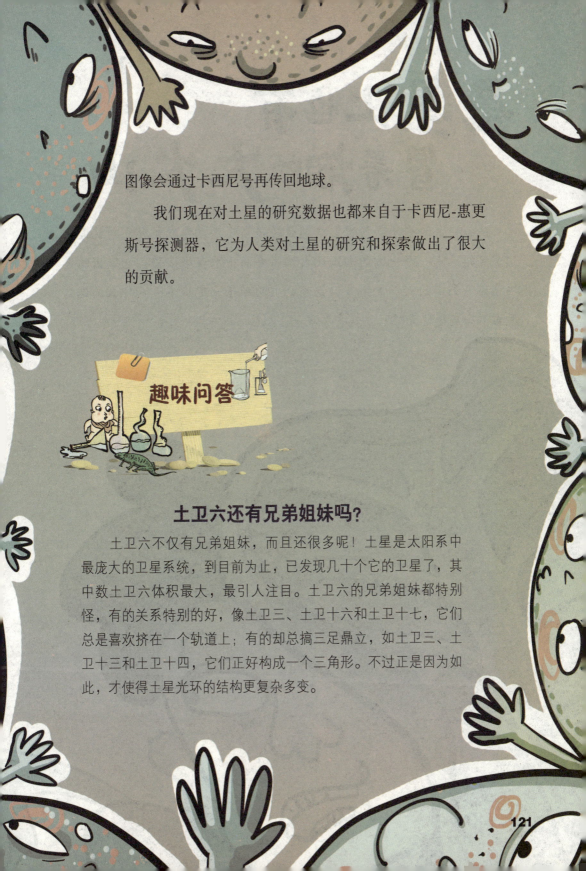

趣味问答

土卫六还有兄弟姐妹吗?

　　土卫六不仅有兄弟姐妹，而且还很多呢！土星是太阳系中最庞大的卫星系统，到目前为止，已发现几十个它的卫星了，其中数土卫六体积最大，最引人注目。土卫六的兄弟姐妹都特别怪，有的关系特别的好，像土卫三、土卫十六和土卫十七，它们总是喜欢挤在一个轨道上；有的却总搞三足鼎立，如土卫三、土卫十三和土卫十四，它们正好构成一个三角形。不过正是因为如此，才使得土星光环的结构更复杂多变。

星星上也有冒着烟的大火山

　　铁扇公主的扇子真厉害，就那么轻轻扇几下，熊熊大火立刻就灭掉了。可是，有一个地方的火山比火焰山要高出很多很多倍，它窜出的火焰也比火焰山的火焰大得多，铁扇公主的扇子一定扇不灭。什么山这么厉害？一定很好奇吧？一起去参观一下吧！

它是谁，长什么样？

它是木星的一个卫星，名叫木卫一，也叫艾奥。它的直径大约有3642千米，是太阳系中第四大卫星。木卫一呈圆球状，表面光滑，从远处看，它上面有高耸的火山、遍地流动的熔岩、冲天的烟柱。它的颜色非常鲜艳，仿佛一张烤熟了的比萨饼，因此也有人给它取了个好听的外号——比萨星。

长相年轻的木卫一

从探测器拍摄的照片上可以看到，木卫一的地表非常光滑，没有其他星球上满山遍地的陨石坑，也没有人类想象中的那么多环形山，比起月球坑坑洼洼的表面，木卫一真是"年轻"了不少。木卫一上肯定也和其他星体一样，曾经常常受到陨石的撞击，但是深深的陨石坑很快就被火山熔岩掩埋了。它的表面物质一直这样不断地更新着，旧的地面很快就会被新的物质掩盖，所以换了新颜的木卫一看起来才会如此"年轻"。

太阳系最热的卫星

　　木卫一的表面温度可达1 610℃，是太阳系中除太阳以外最热的星体，就连离太阳最近的水星和行星都比不过它。当然，木卫一温度这么高并不是太阳辐射的功劳，而是木卫一自身有剧烈的火山活动的原因。在太阳系中，木卫一的火山数量是最多的，火山活动也最频繁，谁也比不过它。

木卫一上的著名火山

佩里火山：位于木卫一赤道附近，它最引人注目的是它的火山口附近环绕着一个巨环。这个巨环的直径有1 300千米，它是火山喷发时，黄褐色的硫化物从空中落下堆积而成的。科学家判断，佩里火山大约有390千米高。

洛基火山：它是目前发现的木卫一上最大的火山坑，直径约203千米。洛基火山有一个熔岩湖，因为里面的熔岩可以经常得到补充，所以，洛基火山才有源源不断的熔岩。科学家断言，洛基火山是太阳系内气势最强劲的火山。

火山喷发的能量来自哪里？

因为木卫一同时受到来自木星、木卫二和木卫三（木卫二和木卫三同为木星的卫星）的引力，木卫一便被这些引力互相拉扯着，所以它有时候被拉得很长，有时候又被缩得很短，相差幅度最多可达100千米。这种来自天体的力量被称为"潮汐力"，在潮汐力的作用下，木卫一的内部就会产生摩擦，有摩擦就会产生热量，这些热量足以将星体内的物质熔化掉，当它们冲出地表时，就形成了非常壮观的火山喷发。

趣味问答

探测木卫一对人类有什么意义?

木卫一上遍地火山,而且火山活动十分频繁,是太阳系中一个难得的火山研究基地。木卫一上的火山简直就是人类研究火山的"活标本",对它的探测和研究不仅可以加速人类研究火山的步伐,也可以帮助我们了解早期的地球。所以,对木卫一的探测之路不会停息,科学家们在不久的将来就会展开新一轮的木星探测。

当我们坐在商场门前会唱歌的小飞机上时，总是会好奇地动动这儿，摸摸那儿，好想知道小飞机的各种机关啊！那要是让你走进几间房子那么大的航天飞机里，你是不是会更兴奋地来回奔跑啊？虽然很难走进航天飞机，不过我们还是可以好好了解一下它的，下面我就带你去航天飞机里做客喽！

航天飞机的构造

航天飞机是一种能穿越大气层和太空的界限，往返于地球和太空的火箭动力飞机。它长有一对翅膀，外形很像飞机。航天飞机主要由三大部分组成。

外部燃料箱：为航天飞机的3台发动机提供燃料，不可重复使用。

一对固体火箭助推器：助推器内装有燃料，为航天飞机垂直起飞和飞出大气层提供额外推力，可重复使用。

轨道器：也就是航天飞机本身，它是整个系统的核心。它像一架三角翼的飞机，全长37.24米，高17.27米（起落架放下时）。它是整个系统中唯一能载人，真正在轨道上飞行的部件，同时也是结构最复杂、出现问题最多的部件。

航天飞机的优点

功能强大：它每次能运4至7人和20至30吨货物，远远超过了载人飞船的运载量。

非常舒适：航天飞机设有乘员舱，为航天员提供了宽敞的生活和工作空间，航天员可以在舱内穿地面服装工作和生活。而且它从起飞到返回地面的整个过程中，加速和减速都非常平稳，对航天员的身体素质要求不高。

航天飞机又有什么缺点呢？

成本昂贵：每次发射费用都需要4至5亿美元，返回后还要进行大量

的维修工作，因此其飞行间隔时间也很长。

存在安全隐患：航天飞机结构极为复杂，它有3 500个重要的分系统和250万个零部件，稍有不慎就会造成坠机事件和人员伤亡。

不可重复使用：一些部件在进行重复使用后，反而大大增加了航天飞机的危险性。

美国航天飞机机队

美国一共建造了6架航天飞机，它们分别是：

"企业"号（也称"开拓者"号）：样机，只用于测试，未投入使用。

"哥伦比亚"号：首航时间是1981年4月12日，坠毁时间是2003年2月1日。它是美国最老的航天飞机。

"挑战者"号：首航时间是1983年4月4日，坠毁时间是1986年1月28日。

"发现"号：首航时间是1984年8月30日，一共执行了39次任务，绕地球轨道5830圈，在太空停留了365天，是"出勤率"最高的一架航天飞机。

"亚特兰蒂斯"号：首航时间是1985年10月3日，重量约77吨。

"奋进"号：首航时间是1992年5月7日，在当地时间2011年5月16日开始它的最后一次太空之旅。

航天飞机为什么要退役？

航天飞机结构复杂，造价十分昂贵，美国从1972年开始研制航天飞机，历经9年，花费了将近100亿美元，再加上航天飞机在安全性上难以保障，发生了两起重大事故，导致14名宇航员遇难，美国损失惨重。种种因素综合在一起，美国决定终止航天飞机项目的开发和研制，重新使用更为经济的载人飞船。在2011年7月8日，"亚特兰蒂斯"号航天飞机执行完为期12天的任务后，美国的航天飞机就全部退役了。

太空行走竟然那么危险！

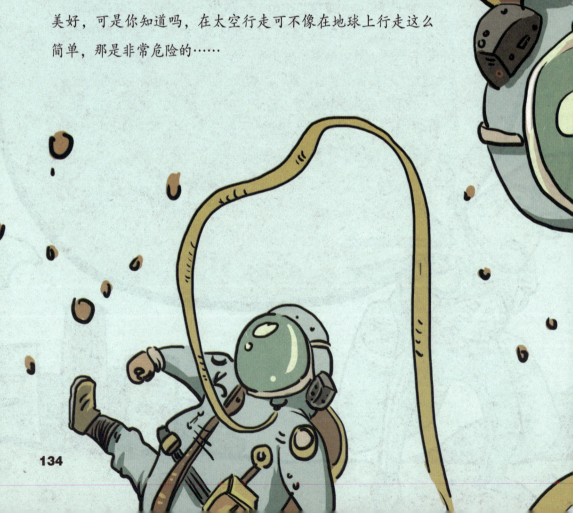

当看到航天服的图片时，你是不是也在想象着自己穿上它的样子？一定会很神气的！假如再坐上飞船……要是能行走于太空那就更神气了，那样就可以看到好多好多的星星，还有月亮和其他星球，还可以在太空散步呢……想象真的很美好，可是你知道吗，在太空行走可不像在地球上行走这么简单，那是非常危险的……

不是走的，是飘的

太空近似真空，没有地球上的重力，人在太空时比一根羽毛还要轻，航天员在太空根本就不能像在地面一样行走，也无法控制方向，只能飘来飘去的。在太空，航天员轻轻用手推一下舱壁，就会"飘"到很远很远的地方。

航天员飘走怎么办？

航天员飘来飘去的，万一飘到别的星球怎么办？不要紧张，航天员早就想到这个问题了，他们有好多种方法呢。

航天员用一根特殊的绳子绑住自己，将绳子的另一端系在航天器上，这样他就飘不走了；将航天员固定在空间站的机械臂上也可以啊，只用控制机械臂就可以将航天员送到工作地点，还可以再把他送回来；航天员抓着空间站特制的"扶手"也可以慢慢地活动；还有航天员可以自己操纵航天服上的"太空摩托"来控制自己的活动……方法很多很多，将这些方法结合起来使用，航天员就不会飘走了。

航天员不舒服了

　　航天员在太空行走时可难受了，心率会迅速升高；呼吸也会明显加快，上气不接下气的；航天员背对太阳时，身体就会非常地冷，当航天服的控温系统出现故障时，又会非常的热，别提有多难受了；航天员出舱后，很容易疲劳，四肢无力，肌肉疼痛。太空行走第一人列昂诺夫在进行太空行走后，心率高达190次/分钟，体温也非常高，他的靴子里竟然积了3升汗水，最不可思议的是他的体重竟然减少了5.4千克，太空还真是个减肥的好去处！

　　太空辐射会破坏人体的DNA，增大人体患白血病、癌症的机率。如果在太空行走时，再遇到太阳粒子爆发，还有可能出现辐射病。

最小的载人航天器——航天服

航天员要想安全地太空行走，航天服可是最重要的保护武器。

航天服配有背包式生命保障系统，还有防辐射、隔热、防微陨石和防紫外线等功能。如果航天服出了故障，就会影响到航天员的工作和生命安全。在航天员行走于太空时，经常会出现航天服损坏的情况。美国"双子星座9"号航天员吉恩·塞纳的航天服背部的外层被划破了，他的背部很快就被毒辣辣的太阳晒伤了，他不得已只好赶紧返回座舱。2007

年，"奋进"号一个宇航员的宇航服手套有了一个小漏洞，他也被迫提前结束了太空行走。所以航天员在出舱前要一次次地检测航天服的性能，在保证安全的情况下才能出舱活动。

中国太空行走第一人是谁？

2008年9月27日16时43分，中国航天员翟志刚从神舟七号飞船迈出了中国人走向太空的第一步，翟志刚把中国人的脚印深深地印在了太空，中国航天史上的一个里程碑就此诞生了。中国人首次在太空漫步，虽然只有短短的19分35秒，但却给中国的航天事业带来了质的飞跃，为了这一刻，航天员们训练了整整10年，中国航天人已准备了38年，中华民族则等待了数千年。

太空里也有垃圾吗?

老师经常教育我们不要乱丢垃圾,否则就会影响城市美观,破坏环境。那要是太空有了垃圾怎么办?你听后一定会觉得很奇怪,太空也有垃圾吗?谁会跑那么远把垃圾丢在上面呢?还有,太空的垃圾该怎么打扫啊?接着往下看,你就知道了……

谁把垃圾丢在了太空?

太空垃圾是指人类在探索宇宙的过程中,有意或者无意地遗弃在宇宙空间的各种残骸和废物。太空垃圾主要来源于报废的航天器及火箭残骸、爆炸产生的碎片、航天器零件、宇航员的生活垃圾,还有人类进行太空活动时掉下的细小微粒。太空垃圾大到整个儿火箭发动机,小到卫星碎片、漆片,甚至粉尘,据统计,直径大于1厘米的空间碎片已超过11万个,大于1毫米的竟然多于30万个。数目惊人的太空垃圾正是我们人类的"杰作"。

太空垃圾有什么危害?

千万不要小看这些太空垃圾,因为它们是以宇宙速度运行的,所以一个小至几微米的尘埃都蕴藏有巨大的杀伤力。这些太空垃圾就像是在高速公路上无人驾驶的汽车一样,随意乱撞,人类根本就无法准确地掌握它的运行轨道,所以很容易在宇宙中发生交通事故。当太空垃圾撞上人造卫星后,就像两辆时速100千米/小时的汽车迎面相撞一样,卫星会瞬间被击毁。

如果再不控制和清除数大量太空垃圾，不仅会对人类的气象卫星和通信卫星造成很大的威胁和破坏，也会阻碍人类进一步探索宇宙的前进步伐。

惨痛的太空垃圾事故

1983年，美国"挑战者"号航天飞机与一块直径0.2毫米的漆片相撞，导致舷窗损坏，只好停止飞行；1986年，"阿丽亚娜"号火箭在太空中爆炸后，瞬间变成上千块大大小小的碎片，这些碎片竟将两颗日本的通信卫星送上了不归路。1991年9月，美国的"发现者"号航天飞机差点与苏联的火箭残骸相撞，两者只相差2.74千米，幸亏地球上的指挥系统发来警告信号，它才躲过一劫。

按照现在发生太空垃圾事故的概率计算，今后每5到10年就可能发生一次航天器与太空垃圾相撞事件，到2020年将达到2年一次。

是该打扫一下太空了！

航天专家们已开始研究限制和清除太空垃圾的方法了。如：将停止工作的卫星推到其他轨道上去，可以避免同正常工作的卫星碰撞，从而减少新垃圾的产生；用航天飞机将损坏的卫星带回地球，可以减少太空中的大件垃圾。

航天专家们也设想了许多清除太空垃圾的工具，如：用激光发射器将垃圾推到离地球更近的轨道，它就可以在地球引力的作用下加速下落；在飞船上装一个金属细丝，用它来击落空间碎片；造一个可以吸附垃圾的卫星，等吸附工作完成后，使其进入大气层，与垃圾同归于尽等等。

相信不久的将来，通过人类的努力，终会还太空一个洁净的面孔！

趣味问答

什么叫"雪崩效应"？

"雪崩效应"指的就是当太空垃圾相撞后，会将大的碎片垃圾撞碎，产生更多的小碎片。就跟两个大的雪球相撞，会产生很多的小雪球一样，这样就会使太空垃圾越来越多。每一个新产生的碎片又会跟别的碎片再碰撞，结果又产生更多更小的小碎片。碎片越来越多，相撞的可能性就越来越大。如此循环，太空的"雪崩效应"将会重复上演，并且越来越危险。

当太空的"雪崩效应"成为家常便饭之后，地球周围将堆满太空垃圾，人类探索宇宙的道路又将如何继续呢？